青藏高原
现代牧场技术研发与示范

董全民　杨富裕　俞　旸　等　著

中国农业科学技术出版社

图书在版编目（CIP）数据

青藏高原现代牧场技术研发与示范 / 董全民等著. --北京：中国农业
科学技术出版社，2023.6
ISBN 978-7-5116-6418-1

Ⅰ.①青… Ⅱ.①董… Ⅲ.①青藏高原－畜牧－生产 Ⅳ.①S81

中国国家版本馆CIP数据核字（2023）第169327号

审图号：青S（2023）195号

责任编辑 张诗瑶
责任校对 李向荣
责任印制 姜义伟 王思文

出 版 者 中国农业科学技术出版社
北京市中关村南大街 12 号 邮编：100081
电 话 （010）82106625（编辑室） （010）82106624（发行部）
（010）82109709（读者服务部）
网 址 https:// castp.caas.cn
经 销 者 各地新华书店
印 刷 者 北京建宏印刷有限公司
开 本 185 mm × 260 mm 1/16
印 张 18.25
字 数 451 千字
版 次 2023 年 6 月第 1 版 2023 年 6 月第 1 次印刷
定 价 128.00 元

《青藏高原现代牧场技术研发与示范》

‖ 著者名单 ‖

董全民　杨富裕　俞　旸　丁路明　徐春城　张春平

孟　林　徐世晓　蔡其刚　窦全文　张子军　董世魁

蔡　瑞　李彩弟　赵　娜　郑明利　张　雪　童永尚

李晓卉　曹　铨　张正社　杨晓霞　刘文亭　公保东智

刘渤涛　姚雷鸣

资助项目

1. 青海省重大科技专项

青藏高原现代牧场技术研发与模式示范（2018-NK-A2）

2. 青海省科技成果转化专项

基于飞地经济的时空耦合型生态畜牧业技术研发和模式创新（2022-NK-134）

3. 国家重点研发计划项目

天然草原智能放牧与草畜精准管控关键技术（2021YFD1300500）

4. 国家重点研发计划项目

藏区牦牛藏羊选育提高与高效健康养殖集成示范（2022YFD1302100）

青藏高原作为全球重要的生态系统，有着独特的生物资源、生物多样性、产业体系和文化传承。高寒草地作为青藏高原最大的生态系统，其总面积达1.28亿hm²，而海拔3 000 m以上的可利用草场面积达1.06亿hm²，占我国北方草原区可利用草地面积的48.20%。青藏高原高寒草地每年可生产近2亿t可食牧草，承载着近1 300万头牦牛、5000万只藏羊等特色草食家畜，是近200万名牧民世代生活的家园和草原文化的载体。青藏高原绿色高效的可持续发展，对国家生态安全、社会稳定、民族团结、经济繁荣等具有深远影响。

辛店文化、卡约文化和诺木洪文化等遗址的考古发掘证据表明，远在史籍记录以前的新石器时代，青藏高原就已有原始的草地畜牧业，是历史上游牧民族纵横驰骋的广阔舞台。进入现代社会以来，青藏高原作为我国乃至东亚地区的重要生态屏障、高寒草地生态畜牧业发展基地、民族团结社会稳定基石的作用愈加凸显。然而，由于自然条件恶劣，高寒天然草地生态系统十分脆弱，草地生产力稳定性差，尤其是漫长的冷季带来的"草畜时空相悖现象"十分普遍，导致了季节性草畜矛盾突出，草地呈现普遍退化状态，形成了高原畜牧业"秋肥、冬瘦、春死、夏抓膘"的恶性循环，难以保障畜产品的全年稳定供给，从而制约了畜牧业发展和牧区人民生活水平的提高。破解这一现实难题的关键之一在于合理发展栽培草地，使之成为天然草地放牧系统的有力补充；探索草畜协同发展模式，缓解草畜矛盾。2002年任继周院士系统地阐述了"藏粮于草施行草地农业系统"的理念，就是要通过发展栽培草地、提高畜产品供给，减少对粮食作物的依赖，从而实现"缓解农田面积稀缺压力，实现藏粮于草，扩大人类的食物来源"，从根本上解决草-畜不平衡的问题。本书是继《高寒人工草地放牧管理与综合利用》后，对任继周院士这一理念做出的又一积极响应。

按照2023年中央一号文件等国家重大战略部署及习近平总书记关于生态文明、乡村振兴、特色种业、现代畜牧业发展的系列指示精神，在青藏高原158个贫困县全部脱贫之际，如何从根源上实现"从脱贫攻坚到乡村振兴的有效衔接""构建现代乡村产业体系""推进现代农业经营体系建设""加快传统畜牧业向现代畜牧业转变步伐"，落实"科技攻关要坚持问题导向，奔着最紧急、最紧迫的问题去，从国家急迫需要和长远需求出发"和"世界级生态文明高地建设",解决事关青藏高原地区生态友好、人民富裕、产业发展、社会稳定的"卡脖子"技术难题,受到党中央及地方政府的高度重视。而最全面有效的途径,正是发展高质量青藏高原现代生态畜牧业。因此,解决青藏高原高寒低氧的自然条件下,天然草地退化、草地生产力下降、饲草供给不均衡、家畜品种退化严重、草畜资源时空配置方式粗放、先进生态畜牧业认知及示范样板缺乏、现代生态畜牧业配套基础设施落后、系统性草畜生产技术落地实施难度大、产业持续增收能力弱等制约青藏高原现代生态畜牧业高质量发展的主要技术瓶颈,势在必行。

本书针对青海省高原特色现代生态畜牧业发展、传统畜牧业转型升级、农牧区乡村振兴中存在的若干重大科技需求,围绕青海省生态文明高地建设和绿色有机农畜产品输出地建设,以青海现代畜牧业发展的整体性、复合性、系统性以及全产业链设计为指导思想,以质量兴农、绿色兴农、提质增效作为切入点,通过典型特色牧场选址与规划、高寒草地可持续利用与优质饲草供给、家畜健康养殖与畜产品精深加工、牧场资源综合利用与管理、牧场数字化管理和现代牧场模式集成与评价等六个方面的研究,针对不同生态功能区的地域特色和资源禀赋差异,建立三江源有机牧场、湟水河智慧牧场、祁连山生态牧场、青海湖体验牧场、柴达木绿洲牧场等"一山两水一湖一盆地"五大典型特色示范牧场,探索现代牧场技术体系,为青藏高原生态保护和现代生态畜牧业高质量发展提供技术支撑和有效范式。

本书是青海大学畜牧兽医科学院(青海省畜牧兽医科学院)董全民研究员领衔的"草地适应性管理研究团队"坚守青藏高原20多年取得的重要成果之一。该研究团队立足于青藏高原草地资源的可持续利用,围绕国家和地方发展战略,筚路蓝缕,开拓前进,不断取得创新和突破。这是继2021年出版《高寒人工草地放牧管理与综合利用》和《三江源智慧生态畜牧业平台建设——以河南泽库典型区为例》之后,他们在高寒草地适应性管理和草地生态畜牧业发展研究之路上铢积寸累的又一厚重成果。

在本书付梓之际,我衷心祝愿这一专著与它所代表的学术团队相借发展,不断壮大,为青藏高原高寒牧区草地畜牧业发展做出更多贡献。

赵新全

2023年5月

前 言

　　青藏高原是全球最为重要的生态系统之一，高寒草地作为青藏高原最大的生态系统，在维持生物多样性、生态保护、产业发展、文化传承方面，有着不可替代的作用。发展高质量现代生态畜牧业，是青藏高原高寒草地合理利用的必然途径。

　　草地生态畜牧业是青海省重要的支柱产业，2022年度，青海省农牧业总产值528.53亿元，占全省生产总值15.79%；畜牧业总产值298.57亿元，占农牧业总产值56.49%。2012—2022年，青海省农牧业产值持续稳定上升，畜牧业占农牧业比重基本稳定在50%以上，草食畜牧业占畜牧业比重稳定在90%以上。但供求结构失衡、资源环境压力大、农牧民收入持续增长乏力、农业伦理观缺失、农牧区基础设施落后等制约因素，导致青海省及青藏高原畜牧业仍以家庭放牧、原始加工为主，生产技术落后，产业结构单一，产品质量不高，资源整合力度弱，难以发挥高原净土优势，品牌及规模效益难以达成。

　　为解决青海省乃至青藏高原现代生态畜牧业发展中存在的若干重大问题，2018年，青海省科技厅下达重大科技专项项目"青藏高原现代牧场技术研发与模式示范"（2018-NK-A2），由青海大学畜牧兽医科学院（青海省畜牧兽医科学院）"草地适应性管理研究团队"牵头，联合中国科学院西北高原生物研究所、中国农业大学、北京市农林科学院、北京师范大学、安徽农业大学、青海现代草业发展有限公司、青海祁连亿达畜产肉食品有限公司、青海西牧信息科技有限公司、甘肃德华生物股份有限公司，共同攻关青海省高原特色生态畜牧业发展、传统畜牧业转型升级、农牧区乡村振兴中存在的若干重大科技问题，聚焦青海省生态文明高地建设和绿色有机农畜产品输出地建设，以青海现代畜牧业发展的整体性、复合性、系统性以及全产业链设计为指导思想，以质量兴农、绿色兴农、提质增效作为切入点，围绕典型特色牧场选址与规划、高寒草地可持续利用与优质饲草供给、家畜健康养殖与畜产品精深加工、牧场资源综合利用与管理、牧场数字化管理和现代牧场模式集成与评价等六个方面开展研究，针对不同生态功能区的地域特色和资源禀赋差异，建立三江源有机牧场、湟水河智慧牧场、祁连山生态牧场、青海湖体验牧场、柴达木绿洲牧场等"一山两水一湖一盆地"五大典型特色示范牧场。截止2023年6月项目验收，项目成果为青藏高原生态保护和现代生态畜牧业高质量发展提供了技术支撑和有效范式。

　　青藏高原高寒牧区区域辽阔，环境的空间异质性大，土壤、植被、家畜和人类活动相互作用复杂，同时由于该地区气候和环境的独特性和脆弱性，加之我们的研究时空有限，有些研究结论在更大空间和更长时间尺度上的应用还有待商榷。但不论如何，本书是对我们团队承担的青海省重大科技专项"青藏高原现代牧场技术研发与模式示范"（2018-NK-A2）工作的阶段性总结，更是青藏高原现代牧场技术研发与模式示范研究的新起点。在此，我们特别要感谢本项目的主要专家组成员及本书的高级顾问中国农业大学李德发院士、北京市农林科学院赵春江院士、青海大学赵新全研究员、甘肃德华生物股份有限公司董事长/德华反刍动物研究院院长李国智先生，他们全程参与指导项目的设计和实施，为该项目的顺利开展提供了强有力的智力支持！衷心地感谢时任青海省科技厅援青办主任孙传范（现任科技部农村科技司副司长）先生和青海省科技厅农村处王荔华处长和王洁渊处长（现分别为政基处处长和办公室主任），他们为该项目的立项和启动实施提出了许多宝贵的意见和建议。在项目的实施过程中，作为"一山两水一湖一盆地"五大示范牧场依托单位的野牛沟乡大泉生态畜牧业专业合作社、青海陵湖畜牧开发有限公司、河南县兰龙生态有机畜牧业牧民专业合作社、青海巴卡台农牧场有限公司、金泰实业发展有限公司，为项目的顺利开展提供了大力的支持和无私的帮助，在此一并表示感谢。

本书以青海省重大科技专项"青藏高原现代牧场技术研发与模式示范"（2018-NK-A2）的研究内容为基础整理完成，也包含了博士研究生蔡瑞、李彩弟、乔占明等，硕士研究生高捷、张雪等的毕业论文部分内容。本书第一章主要介绍典型特色牧场选址、现状及发展规划，由董全民、杨富裕、俞旸、曹铨执笔；第二章典型特色牧场高寒草地生产力提升、"冬场夏用"、天然草地补播，由董世魁、丁路明、窦全文、公保东智执笔；第三章典型特色牧场饲用玉米品种优化与生产、多年生人工草地建植及利用、禾豆混播草地建植及青贮，由窦全文、董全民、李彩弟、童永尚、徐世晓、姚雷鸣、张春平、俞旸执笔；第四章牦牛早期断乳技术、牦牛近地及异地养殖技术、放牧牦牛智慧管理技术，由丁路明、张子军、刘渤涛执笔；第五章高寒地区藏羊健康养殖技术、藏羊异地养殖适应性及育肥技术、畜产品精深加工，由徐世晓、赵娜、张子军、丁路明执笔；第六章高原羊粪堆肥微生物腐熟剂筛选及生产工艺优化，由徐春城、蔡瑞、杨富裕执笔；第七章林下经济产业技术体系，由孟林、郑明利、杨富裕执笔；第八章生物土壤结皮与复合保水剂固沙技术，由董全民、张雪、张春平执笔；第九章至第十一章，现代牧场草畜生产过程采集、牧场地面数据自动采集和可视化、现代牧场管理监测平台及决策系统，由蔡其刚、李晓卉执笔；第十二章现代牧场模式集成的理论、技术体系、模式示范，由董全民、李彩弟、张春平、俞旸执笔；第十三章现代牧场模式综合评价体系构建、方法及评价，由张春平、董全民、俞旸执笔；第十四章现代牧场模式区域适应性评价指标体系构建，由张春平执笔；第十五章青海湖体验牧场能值评价，由李彩弟、张春平、俞旸执笔。

虽完成了书稿，但仍觉得需要完善和补充的东西还很多，还是有些许遗憾，好在我们的研究还在继续，后续还有研究成果将陆续出版。在本书完成过程中，董全民研究员、杨富裕教授全面把握书稿内容，俞旸助理研究员负责全面统稿并与出版社联系，张春平副研究员、曹铨助理研究员、张正社助理研究员协助统稿，杨晓霞副研究员、刘文亭助理研究员、刘玉祯博士生、杨增增博士生及项目组全体成员及学生积极参与书稿的修订工作。乔占明博士为书稿图片审图提供大量帮助。他们为书稿的完成做了大量的工作，凸显了团结协作的能力、积极进取的活力与努力创新的智慧。

本书是青海大学畜牧兽医科学院（青海省畜牧兽医科学院）"草地适应性管理研究团队"在青海省重大科技专项"三江源智慧生态畜牧业平台建设"——课题三"智慧生态畜牧业河南泽库典型区技术集成与应用示范"（2015-SF-A4-3）的基础上，对青海省重大科技专项"青藏高原现代牧场技术研发与模式示范"（2018-NK-A2）研究内容的较为系统的总结和凝练，内容涉及恢复生态学、放牧生态学、植物学、土壤学、草地管理学、地理信息学及经济学等多门学科，鉴于笔者对本专业以外问题认识不尽完善，难免有不足之处，恳请读者批评指正。

著　者
2023年4月

目录

第四篇　牧场资源综合利用与管理

第五篇　牧场数字化管理

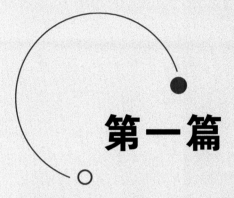

第一篇

绪　论

第一章　典型特色牧场选址与规划

第一节　典型特色牧场选址

　　典型特色牧场选址，基于青海省不同生态功能区的地域特色和资源禀赋差异。对选定牧场进行需求导向的技术研发，并对草畜、信息化、资源综合利用管理经营方面的先进技术进行集成，最终建成三江源有机牧场、湟水河智慧牧场、祁连山生态牧场、青海湖体验牧场、柴达木绿洲牧场等"一山两水一湖一盆地"五大典型特色示范牧场（图1.1）。五大典型特色牧场，分别对应青海省三江源生态保护区、东部农牧交错区、祁连山生态保护区、环青海湖地区及柴达木盆地。从经营主体角度考虑，分别有国营农牧场、民营农牧场及生态畜牧业合作社。

图1.1　牧场选址［审图号：青S（2023）195号］

第二节　典型特色牧场基本情况

祁连山生态牧场，以祁连县大泉生态畜牧业专业合作社为基础进行打造。大泉生态畜牧业专业合作社位于青海省海北藏族自治州祁连县野中沟乡，祁连山国家公园缓冲区、黑河湿地源头，生态地位十分重要。平均海拔约3 300 m，年均温度为-1.3℃左右，年降水量约为420 mm，多集中于5—9月，属于典型的高原大陆性气候。全年无绝对无霜期，年内以冷暖两季区分，冷季平均气温-25.6℃，暖季平均气温13.4℃，年均日照约2 900 h。草地类型为高寒草甸，土壤为高山草甸土，主要物种有西北针茅（Stipa sareptana）、矮生嵩草（Carex alatauensis）、洽草（Koeleria macrantha）、珠芽蓼（Bistorta vivipara）、蒲公英（Taraxacum mongolicum）、翻白草（Potentilla discolor）、鸡冠茶（Sibbaldianthe bifurca）等。野牛沟乡大泉生态畜牧业专业合作社成立于2010年10月，位于野牛沟乡境西部，祁连县西部。2017年合作社进行了股份制改造，共有26户103人，整合草场5.02万亩（1亩≈667 m²，1 hm²=15亩），其中冬春草场2.09万亩；整合牲畜1 115头（只）。合作社现有畜用暖棚19幢，牛棚1幢，面积约300 m²，共计面积约2 580 m²，逐步实现饲养规模化、生产标准化、营销品牌化，转变了过去单一、零散的传统经营模式。2020年4月，祁连县成立了"祁连县飞地经济协会"，大泉合作社优先加入了飞地协会，通过在民乐县租地，饲养、代养等多种形式，探索养殖新思路。合作社以"风险共担、利益共享"为原则，逐步走上了企业化经营的道路，通过畜群结构调整、牲畜按类分群、草场划区轮牧，建成了草场统一管理、种畜统一培育、牲畜统一防疫、生产统一组织、畜产品统一销售的生态畜牧业专业合作社，实现了生态保护、生产发展和民生改善的三生协调发展目标。

湟水河智慧牧场，以西宁市湟中区青海陵湖畜牧开发有限公司为基础进行打造。青海陵湖畜牧开发有限公司成立于2014年，属私营企业，位于青海省西宁市湟中区鲁沙尔镇白土庄村。现已建成集养殖、种植为一体的种养结合循环产业基地。公司于2015年被评为县级龙头企业，2016年被评为西宁市龙头企业，2017年入选农业部国家级畜禽标准化示范场。现建有标准化双列式砖混彩钢顶牛舍9栋，建筑面积8 400 m²，规格120 m×12 m的4栋，规格120 m×10 m的3栋，规格120 m×8 m的1栋，规格60 m×8 m的1栋，运动场近20 000 m²，半地上式青贮池6 000 m³，办公用房600 m²，彩钢结构精饲料库房800 m²，彩钢结构饲草料库房800 m²，饲草基地（种植燕麦、箭筈豌豆、玉米、苜蓿等）2 000亩，总容量850头牛。先后从甘肃张掖、东北和国外引进良种西门塔尔母牛600头，通过舍饲方式自繁自育，累计出栏肉牛近2 000余头，效益和产业特色逐渐突显。公司自动化设备有全混合日粮（TMR）饲喂机1台，安装了牛舍电子监控设备1套，电子称重系统1台等。

三江源有机牧场，以河南县兰龙生态有机畜牧业牧民专业合作社为基础进行打造。河南县兰龙生态有机畜牧业牧民专业合作社位于青海省海南藏族自治州，属高原亚寒带湿润气候区。年平均气温0℃；年平均降水量580.1 mm，5—10月累计降水520.4 mm，占全年降水量的89.7%；年平均相对湿度65%，全年日照时数3 241.8 h，占可日照时数的73%，平均海拔3 400 m。天然草地以高寒草甸为主，主要植物有嵩草（*C. myosuroides*）、垂穗披碱草（*Elymus nutans*）、早熟禾（*Poa annua*）、鹅绒委陵菜（*P. anserina*）和毛茛（*Ranunculus japonicus*），嵩草是优势物种。合作社成立于2010年，合作社总面积26.35万亩、可利用草场18.71万亩；2012年合作社内建立"雪多牦牛"养殖场，入股牧户121户，是河南县选定的"有机大牧场"试点村。2018年，根据对新整合的牲畜按类分群，共分出39群，其中核心母牛群15群；一般母牛群12群；公牛群12群。对25.58万亩整合草场进行划分并实行划区轮牧，其中划分出一级草场轮牧区27个，二级草场轮牧区62个，三级草场轮牧区62个，四级草场轮牧区47个，五级草场轮牧区6个。牧场全力打造"雪多牦牛""欧拉羊"地方优势品种并获得国家地理认证，实行"三增三适"（增温、增草、增料，适度规模、适度补饲、适时出栏）为核心的生产技术模式。建有"雪多牦牛"养殖场、"雪多牦牛"风干肉加工厂、"雪多牦牛"乳制品加工厂。2019年河南县赛尔龙乡"雪多牦牛"被列入国家畜禽遗传资源保护名录。

青海湖体验牧场，以青海巴卡台农牧场有限公司为基础进行打造。青海巴卡台农牧场地处共和、贵德、湟源三县交界处，平均海拔3 300 m，气候类型属于大陆性高原寒温带季风气候，年均降水量371 mm，年蒸发量1 400 mm，全年无霜期平均88 d，年均温为0.7℃，最冷月平均气温为-11.4℃，最热月平均气温为1.4℃；土壤类型为高山草甸土。该地主要分布的植被有紫花针茅（*S. purpurea*）、雪白委陵菜（*P. nivea*）、线叶嵩草（*Kobresia capillifolia*）和西伯利亚蓼（*Polygonum sibiricum*）等。农牧场成立于1957年，是青海监狱系统唯一一个藏族农牧场，占地总面积近10万亩，其中，天然草地约7万亩，耕地约9 100亩，林地约1.42万亩，沙地约6 000亩，牲畜约1万头（只）。下设牧业大队、机械大队、规模化养殖场等生产经营单位，主要从事农作物种植、畜牧业生产、生态林建设等生产经营项目；农牧场现有各类人员280余人。

柴达木绿洲牧场，以乌兰县金泰牧场为基础进行打造。金泰牧场位于茶卡盐湖东北部27 km，临近109国道，深居大陆腹地，气候条件较好，属大陆性气候，夏秋季平均气温在20℃左右，极端最高气温34℃，极端最低气温-27.7℃。牧场过去是一个纯牧业村，经济落后，2013年经过与当地政府合作，成立了金泰牧场（小水桥农牧产业园），目前已形成集家畜养殖、餐饮、住宿、游乐、休闲于一体的旅游服务牧场。牧场总占地面积3万亩，其中耕地1.2万亩，种植林地6 200亩，荒草地1 300亩，养鸡大棚4 000 m²，畜棚面积6 000 m²。屠宰加工车间1 200 m²。牧场最大载畜量60 000羊单位。天然草场仅1 300亩，且为退化比较严重的荒草地。养殖主要依靠林地、饲草地种植。自有饲料加工简易车间，含粉碎机、配料机、烘干、造粒机；现有自动称重系统1套；喷淋药浴系统1套；绝大部分畜棚饮水槽配有加热装置。

第三节　典型特色牧场发展规划

一、祁连山生态牧场发展规划

祁连山区既是祁连山国家级自然保护区，又是祁连山国家公园所在地，生态地位非常重要。针对生态保护突出的特点，结合该区域利用甘肃张掖地区饲草和养殖传统，发展牛羊飞地经济的优势，围绕天然草地保护和合理利用、飞地模式示范以及特色畜产品开发销售等技术需求，在生态保护的前提下，合理规划现有草场、优化畜群结构、发展飞地模式，探讨规模化经营的渐进发展路径，把牦牛育肥作为新的经济增长点，构建以"生态为先、飞地引领、协调发展"为目标的祁连山生态牧场（图1.2）。

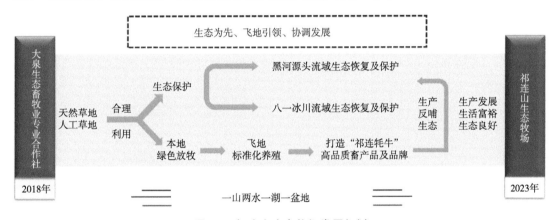

图1.2　祁连山生态牧场发展规划

二、湟水河智慧牧场发展规划

湟水河流域主要位于西宁市和海东市周边，是青海省农业区和农牧交错区，自然环境相对较好，有较为丰富的农作物秸秆和种植饲草的传统，可为集约化（规模化）养殖提供饲草料来源，是集约化畜牧业发展的主要区域。针对企业养殖场基础设施较为完备、繁育结合、肉牛养殖规范等特点，聚集饲草种植加工、家畜良种化、饲养管理智能化、生产标准化、废物资源化等需要改进提升的技术需求，构建以"智慧为矛、种繁结合、标准生产"为目标的湟水河智慧牧场，建立一个肉牛技术服务中心，探讨农区种养一体、自繁自育、规模化经营的肉牛养殖有效路径（图1.3）。

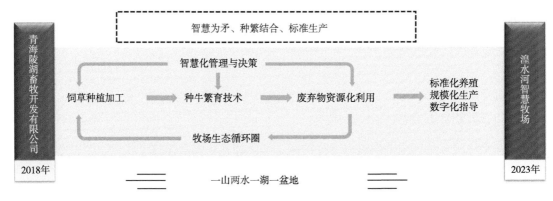

图1.3　湟水河智慧牧场发展规划

三、三江源有机牧场发展规划

三江源区既是三江源国家级自然保护区，又是三江源国家公园所在地，是长江、黄河和澜沧江发源地，也是"中华水塔"，生态地位极其重要，更是发展有机畜牧业的重要基地。河南县隶属于三江源区，是青海省最早发展有机畜牧业的地区，也是国家有机畜产品生产基地和"有机产品认证"示范区，具有发展有机畜牧业的优良传统和技术优势。针对合作社天然草地质量好、独特的"雪多牦牛"资源、良好的有机畜牧业发展基础、合作社组织完善、畜产品品牌优势明显等特点，围绕天然草地保护和合理利用、"雪多牦牛"资源高效利用、大牧场示范基地以及特色畜产品开发销售等技术需求，在生态保护的前提下，确定天然草地合理载畜量、优化畜群结构、提升牦牛高效养殖、开发特色畜产品和电商服务，结合河南县大牧场建设，充分利用"雪多牦牛"特色资源，探讨规模化经营的有效路径，把"雪多牦牛"特色资源高效利用作为新的经济增长点，构建以"有机为舵、品种优势、产品挖掘"为目标的三江源有机牧场，将该牧场打造成青海省"雪多牦牛"产品的研发销售基地和草原文化传承基地（图1.4）。

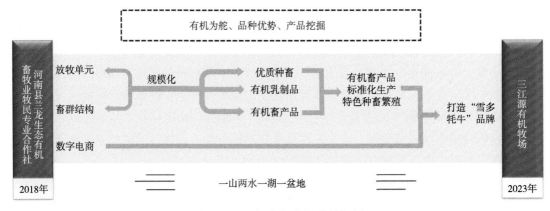

图1.4　三江源有机牧场发展规划

四、青海湖体验牧场发展规划

环青海湖地区具有类型多样的自然资源和丰富的旅游资源，是发展旅游观光体验牧场的理想之地。针对农牧场天然草地面积大、区位优势明显、资源类型丰富等显著特点，围绕天然草地保护和合理利用、藏羊高效养殖、耕地种植结构调整、林地利用效率提升、三产融合加强、企业管理制度完善等技术需求，在生态保护的前提下，确定天然草地合理载畜量、优化畜群结构、提升藏羊高效养殖、开发藏羊系列产品，结合区位优势和资源特点，打造林草复合系统利用、牛羊适度规模经营、种养加为一体、三产融合发展的资源多功能开发利用生态旅游牧场，构建以"体验为赢、多元利用、三产融合"为目标的现代化经营多功能旅游观光体验牧场新模式，让生态环境和草原文化也成为创造价值的资产（图1.5）。

图1.5　青海湖体验牧场发展规划

五、柴达木绿洲牧场发展规划

柴达木盆地是青海省主要盐湖工业基地和枸杞产业基地，具有丰富的土地资源、特色产业和旅游资源，是青海省未来经济发展的主战场。针对牧场基础设施较为完备、资源较为丰富、耕地面积较大、茶卡羊品牌、旅游观光优势明显、产业链完整等特点，围绕茶卡羊健康养殖、茶卡羊品牌打造、耕地高效利用、林地复合利用、旅游资源开发、企业管理制度改进等技术需求，充分利用绿洲资源、茶卡羊品牌优势和旅游观光，探讨规模化经营的三产融合发展有效路径，构建以"绿洲为贵、规模养殖、品牌培育"为目标的柴达木绿洲牧场，将该牧场打造成青海省茶卡羊产品的研发销售基地和畜牧业三产融合发展的旅游示范基地（图1.6）。

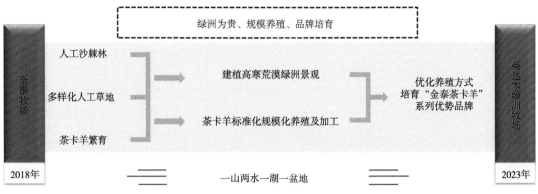

图1.6　柴达木绿洲牧场发展规划

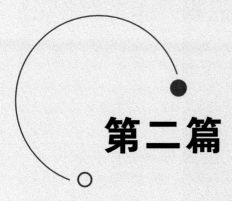

第二篇

高寒草地可持续利用与优质饲草供给

第二章　高寒草地生产力提升关键技术

第一节　高寒草地生产力提升的适度放牧利用技术

以青海湖体验牧场天然草地为依托，利用放牧适宜度理论，开展生态-经济载畜量平衡技术研究，提出高寒草地生产力提升的适度放牧利用技术。草地具有提供生产、生态、生计三种功能的特征，以往的载畜量测算只考虑经济价值，即草地产出与畜牧业饲养之间的平衡，而忽视了草地的生态价值。本研究建立了草地多功能指标的评价体系，并通过权衡分析，分析草地的生态-生产-生计效益，在此基础上开发适度放牧利用技术。

一、研究地点

研究地点位于青海湖体验牧场。

二、研究方法

本研究通过对青海湖体验牧场进行生态调查与牧户访谈获取该牧场各类型放牧利用草地的地上生物量与家畜数量计算理论载畜量。

1. 采样设计

为了精准计算青海湖体验牧场的理论载畜量，本研究除在牧场常规放牧地（图2.1）采样外，在放牧利用牧场的农场作物留茬地（图2.2）也设定了采样点，并且放牧季前于夏季草地设置扣笼9个（图2.3），以获取牧场夏季草地的地上最大生物量。

图2.1　青海湖体验牧场放牧地

图2.2 牧场补饲用留茬地　　　　　图2.3 夏季草地扣笼

2. 样品采集与测定

进行植被调查时避开鼠洞及单优无性系斑块，按设置的样带沿海拔梯度进行顺序调查，调查时进行全面分种样方调查，并将植被依据其经济类型划分为3个功能群，分别为禾本科、莎草科和杂类草。物种丰富度以样方中出现的物种数表示；植被盖度采用针刺法测定，测定时针刺100次，记录每种物种的盖度；物种频度采用样圆法测定，测定时在每个样方附近随机抛样圆30次，记录每种物种出现的频率。在调查的样方内采用QS-SFY土壤水分速测仪测定0~10 cm及10~20 cm（不含10 cm，下同）土层土壤含水量（SWC），每个样方重复测量3次，求其平均值作为研究的原始数据，使用JIEWEISEN G120BD手持GPS定位仪记录样方所在位置的经纬度及海拔高度。

3. 统计分析

根据DB63/T 1176—2013《草地合理载畜量计算》，计算牧场夏草地和冬草地的理论载畜量。

$$A_{usw} = \frac{Y_w \times E_w \times H_w}{I_{us} \times D_w}$$

式中，

A_{usw}——1 hm² 某类暖季（或冷季、或全年）放牧草地在暖季（或冷季、或全年）放牧期内可承养的羊单位，羊单位／[hm²·暖季（或冷季、或全年）]。

Y_w——1 hm² 某类暖季（或冷季、或全年）放牧草地可食草产量，单位为kg／hm²。

E_w——某类暖季（或冷季、或全年）放牧草地的利用率，单位为%。

H_w——某类暖季（或冷季、或全年）放牧草地牧草的标准干草折算系数。

I_{us}——羊单位日食量，单位为kg／（羊单位·d）。

D_w——暖季（或冷季、或全年）放牧草地的放牧天数，单位为d。

三、结果与分析

1. 高寒草地生产力提升研究

（1）不同季节放牧草地生产力特征。夏秋季草地平均盖度为84.4%，冬春季草地平均盖度为77.8%，夏秋季草地盖度略高于冬春季草地，但二者无明显差异。夏秋季草地平均物种数为16.1种，略低于冬春季草地平均物种数17.1种，但无显著差异。冬春季草地平均地上生物量148.5 g/m²则显著高于夏秋季草地的88.9 g/m²（图2.4）。

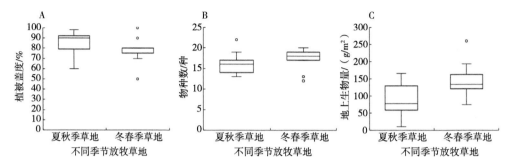

图2.4　天然草地植被盖度、物种数与地上生物量

（2）不同季节放牧地利用特征。牧场集体拥有藏羊5 958只，育肥羊场养殖2 000只。

牧场有20户牧业队职工，每户除代养集体藏羊外平均每户自养羊72.1只，牛8.3头；牧场农业队职工中有约2户自养羊，共约800只。

通过牧户访谈了解到天然草地利用情况（表2.1）。夏秋季草地利用时间为7—9月，约90 d，集体养殖羊、育肥羊场羊、牧场牧户自养牛羊均在夏秋季草地放牧。10—11月，牧场集体所有羊、育肥羊场羊及牧户自养牛羊在收割后的耕地、人工草地放牧。12月至翌年6月（约210 d），牧场牧户所养牛羊，即集体羊和自养牛羊回到冬春季草地放牧。这段时间，牧户还在租赁的草地上放牧，并饲喂草料。平均每户租赁草地469.9亩，平均每户购买草料花费23 142.9元。

表2.1　天然草地利用情况

养殖者	夏秋季草地/d	留茬地/d	冬春季草地/d
牧场牧业队	90	60	210
牧场农业队	90	60	—
牧场育肥羊场	90	60	—

根据牧户访谈，夏秋季草地状况逐年变差，原因包括牛羊数量增多、降水不足、鼠洞问题严重。而冬春季草地因有围栏，牧户自行管理，情况稍好于夏秋季草地。

（3）不同季节放牧利用高寒草地营养元素特征。夏秋季草地平均土壤总碳含量为4.8%，显著高于冬春季草地含量3.4%。夏秋季草地平均土壤总氮含量也显著高于冬春季草地。夏秋季草地平均植物总碳含量为40.55%，冬春季草地为40.9%，二者无显著差异。夏秋季草地与冬春季草地平均植物总氮含量为2.2%，无显著差异（图2.5）。

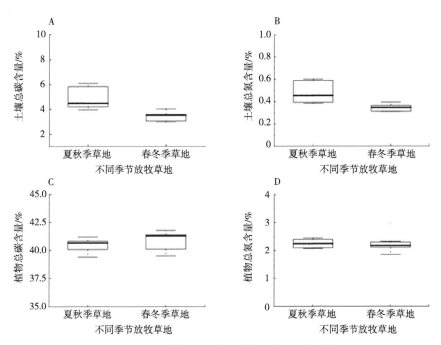

图2.5 天然草地植物与土壤总碳、总氮含量

2. 高寒草地天然承载力分析

基于草地样方调查和随机牧户访谈结果，依据DB63/T 1176—2013《草地合理载畜量计算》，计算巴卡台农牧场夏秋季天然草地和冬春季天然草地的理论载畜量和合理载畜量。

夏秋草地面积为39 400亩，7—9月用于牧场集体饲养羊（6 958只）、个人饲养牛羊（根据牧户访谈估算为3 555羊单位）、育肥羊场饲养羊（3 000只）利用，实际载畜量为13 513羊单位（以42 kg成年母绵羊作为标准羊单位）。冬春季草地面积为6 600亩，12月至翌年6月被农牧场集体饲养羊、牧业队个人饲养牛羊利用，实际载畜量为8 064羊单位。同时，牧户会额外租赁草地并购买草捆补饲。耕地总面积8 000亩，在收割后，10—11月被农牧场集体饲养羊、个人饲养牛羊、育肥羊场饲养羊利用，实际载畜量为10 864羊单位，帮助分担天然草地的放牧压力。

在当前利用方式下，夏秋季草地单位面积合理载畜量为0.31羊单位/亩，总面积合理载畜量为12 214羊单位。冬春季草地单位面积合理载畜量为0.22羊单位/亩；考虑牧户额外租赁的牧场外草地面积与补饲草捆重量（根据牧户访谈估算），总合理载畜量为7 508羊单位。考虑到耕地留茬短，放牧利用率设为60%（同草地），总面积合理载畜量为15 209羊单位。

四、小结

天然草地均存在过牧现象，夏秋季草地过牧10.64%（1 299羊单位），冬春季草地过牧7.41%（556羊单位），而留茬地尚有载畜潜力。夏秋季草地平均地上生物量为88.90 g/m²，冬春季草地平均地上生物量为148.53 g/m²，前者显著（$P<0.05$）低于后者。这可能与夏秋

季草场过牧更为严重有关。

针对目前牧场天然草地放牧安排，提出如下建议。

1. 优化放牧时间

在不改变现有牛羊数量的情况下，可以通过延长留茬地放牧时间，减轻天然草地放牧压力。

2. 加强农牧场对牧户自养牛羊数量的管理

牧户在访谈中反映牧场的管理目前仅限于通知转场时间，不明确牧户自养牛羊数量，也未限制数量。而对于没有边界的夏季草场，管理制度的缺失造成了典型的"公地"问题，进而导致夏秋季草场过牧更为严重。牧场应首先统计掌握牧户自养牛羊数量、租赁草地面积、补饲数量，进而更精确地了解天然草地承载情况，并落实对牧户自养牛羊的监督，控制牛羊数量进一步上升。

3. 治理鼠害

牧户反映鼠害问题尤为严重，是目前牧业生产的最大问题之一，而当前治理收效甚微；需要有效的鼠害治理措施，维持并提升天然草地生产力。

第二节　高寒草场"冬场夏用"模式研究

青藏高原草场采取季节放牧利用方式，一般划分为夏季草场、冬春季草场两季，或增加秋季草场的三季草场利用模式，家畜在不同季节牧场放牧采食，冬春季草场面积一般要大于夏秋草场（Long et al., 2008）。冬春季草场的放牧利用时期为枯黄期，此时牧草适口性差、营养品质低下。该管理模式无法高效利用冬春季草场营养价值较高的生长期牧草。随着青藏高原道路等基础设施的建设和完善，以及牧区交通工具的不断升级，使家畜在不同季节之间的转场效率越来越高，这也使得在同一季节放牧利用不同季节牧场或者增加牧场利用频率变得可行（杨婷婷等，2016）。青藏高原植物经过长期进化，不仅适应严酷的高原环境条件，而且具备耐啃食、再生力强等特点（李积兰等，2010）。研究表明，家畜放牧采食通过去除植物顶端优势能够刺激牧草分蘖、再生，并且对生物多样性具有促进作用（Wang et al., 2018）。牧草再生能力受利用时期影响较大，在生长初期刈割会抑制其再生能力，而分蘖期刈割后再生能力较强（仲延凯等，1991）。研究表明，放牧可导致牧草能量重新分配，提高光合和呼吸作用，促进无性繁殖（Piippo et al., 2011; Karihho and Nunez, 2015）。放牧或刈割通过改变牧草生物量分配模式，调整营养物质的储存，以达到适应胁迫环境的目的（Valentine et al., 2004）。此外，放牧能够提高草场牧草粗蛋白质（CP）含量和消化率，降低纤维含量，进而提高牧草营养价值（姚喜喜等，2018）。刈割或放牧通过影响牧草营养物质的分配，以及家畜践踏和排泄物等影响土壤养分组成（丁成翔等，2020）。本研究在青藏高原冬春草场牧草生长季采取刈割的方式研究不同利用强度对牧草产量、养分含量，以及对土壤养分的影响，旨在探讨青藏高原高寒草地"冬场夏用"的可行性，为高寒草地的可持续利用管理方式提供依据。

一、研究地点

研究地点位于三江源有机牧场。

二、研究方法

1. 试验设计

2019年8月2日（青草期，牧草旺盛生长期）在冬春季草场试验地随机选择5 m×5 m的样区9个，设置3个不同利用强度，即不利用（不刈割）、中度利用（刈割留茬4 cm）和重度利用（刈割留茬2 cm），每个处理设置3个重复，进行刈割模拟放牧。在每个样区中随机放置3个50 cm×50 cm的样方框，在不同利用强度试验处理前调查每个小样方中的植物群落结构，测量草地盖度（目测法）和优势牧草高度；然后将样方中的植物齐地面刈割，称重后装进信封袋并做好标记。样方框中牧草刈割后随机取土3钻，按0～10 cm和10～20 cm土层分别取样，拣去石块和植物根系、枯落物等杂物后分别装入自封袋密封，标号后和草样一起带回实验室进行处理，用作样地背景数值。2019年10月5日（牧草枯黄期，牧草停止生长，部分牧草开始枯黄）在每个不同利用强度处理样区内再次按照上述采样方法采集牧草样品和土壤样品（避免与第一次样方重合），采集的土草样品带回实验室进行处理。

2. 样品分析

牧草样品置于鼓风干燥箱中在70℃下烘干48 h，称重，计算牧草地上生物量。烘干样品粉碎至1 mm用于分析CP、中性洗涤纤维（NDF）、酸性洗涤纤维（ADF）。CP参照AOAC（AOAC-984.13）的方法采用凯氏定氮仪（JK-9830，中国）进行测定；NDF和ADF参照Van Soest等（1991）（AOAC-920.29）的方法，使用纤维仪（ANKOM-2000i，美国）测定。

土壤有机质（SOM）、全氮（TN）、全磷（TP）、速效氮（AN）、有效磷（AP）含量测定方法参照杨有芳等（2017）试验方法，其中SOM采用重铬酸钾法（外加热法）测定，土壤TN采用凯氏定氮法测定，土壤AN采用扩散皿法测定，土壤TP和土壤AP分别采用钼锑抗比色法和碳酸氢钠浸提–钼锑抗比色法测定。

三、牧草生物量及品质

青草期牧草地上干草产量为97.5 g/m²，CP为14.8%，NDF和ADF分别为41%和24%（表2.2）。

表2.2 青草期牧草生物量和营养品质

指标（干物质含量）	含量
地上生物量/（g/m²）	97.54 ± 10.87
CP/%	14.78 ± 1.06
NDF/%	40.92 ± 0.88
ADF/%	24.42 ± 0.37

注：表中数据以平均值±标准误来表示。

在枯黄期，3种不同草地利用强度处理CP含量均显著低于青草期，而ADF和NDF的结果刚好相反（$P<0.05$）（表2.3）。在牧草枯黄期重度利用草场牧草CP含量显著高于不利用对照组，而中度利用组与对照组和重度利用处理组没有显著差异。枯黄期中度利用组地上生物量高于不利用组，不利用组高于重度利用组，但无显著差异（$P>0.05$）。3种不同利用强度对牧草枯黄期地上生物量、ADF和NDF没有产生显著影响（$P>0.05$）。

表2.3 不同利用强度下枯草期牧草生物量和营养品质

指标（干物质含量）	不利用组	中度利用组	重度利用组	P值
地上生物量/（g/m²）	118.57 ± 11.73	140.09 ± 10.82	114.23 ± 10.29	0.61
CP/%	8.08 ± 0.28[b]	9.72 ± 0.13[ab]	12.27 ± 0.07[a]	0.03
ADF/%	27.71 ± 0.86	28.19 ± 0.96	26.29 ± 0.55	0.12
NDF/%	45.37 ± 1.30	45.30 ± 1.14	45.00 ± 1.52	0.99

注：表中数据以平均值±标准误来表示；同行数据肩标不同小写字母表示差异显著（$P<0.05$）。

四、土壤养分

牧草青草期草场表层（0～10 cm）土壤养分（TP除外）含量显著高于底层（10～20 cm）（$P<0.05$）。表层SOM、TN、AN、TP、AP含量分别为133.57 g/kg、6.92 g/kg、36.81 mg/kg、1.00 g/kg、1.24 mg/kg（表2.4）。底层含量分别为SOM 68.07 g/kg、TN 4.36 g/kg、AN 13.64 mg/kg、TP 0.85 g/kg、AP 0.39 mg/kg。

表2.4 青草期土壤有机质及其养分

指标（干物质含量）	土层深度		P值
	0～10 cm	10～20 cm	
SOM/（g/kg）	133.57 ± 4.32	68.07 ± 3.02	<0.01
TN/（g/kg）	6.92 ± 0.24	4.36 ± 0.17	<0.01
AN/（mg/kg）	36.81 ± 1.47	13.64 ± 1.42	<0.01
TP/（g/kg）	1.00 ± 0.07	0.85 ± 0.08	0.17

续表

指标（干物质含量）	土层深度		P值
	0～10 cm	10～20 cm	
AP/（mg/kg）	1.24 ± 0.21	0.39 ± 0.11	<0.01

注：表中数据以平均值±标准误来表示。

总体来看，除在牧草枯黄期中度利用强度0～10 cm土壤速效磷含量显著高于对照组外（$P<0.05$），冬春季草场在牧草枯黄期不同利用强度对土壤养分（SOM、TN、AN、TP）含量没有显著影响（$P>0.05$）（表2.5）。经统计分析，在3个不同利用强度处理下，在0～10 cm和10～20 cm土层，枯黄期土壤有机质含量分别显著高于青草期。10～20 cm土层深度下，重度利用组有机质含量低于不利用和中度利用组，但差异不显著（$P>0.05$）。

表2.5　不同利用强度下土壤有机质及其养分含量

指标（干物质含量）	土层深度	不利用组	中度利用组	重度利用组	P值
SOM/（g/kg）	0～10 cm	155.35 ± 5.15	160.71 ± 10.96	164.72 ± 12.80	0.81
	10～20 cm	89.93 ± 4.15	89.07 ± 7.16	76.76 ± 4.78	0.58
TN/（g/kg）	0～10 cm	7.20 ± 0.55	6.77 ± 0.26	6.97 ± 0.54	0.92
	10～20 cm	5.23 ± 0.44	5.07 ± 0.33	4.23 ± 0.17	0.78
AN/（mg/kg）	0～10 cm	37.13 ± 1.77	37.86 ± 2.77	34.62 ± 1.05	0.74
	10～20 cm	17.37 ± 0.64	14.93 ± 0.74	17.9 ± 1.29	0.41
TP/（g/kg）	0～10 cm	1.01 ± 0.04	1.08 ± 0.02	0.77 ± 0.03	0.25
	10～20 cm	0.88 ± 0.04	0.93 ± 0.02	1.03 ± 0.09	0.45
AP/（mg/kg）	0～10 cm	0.82 ± 0.04[b]	1.45 ± 0.10[a]	1.00 ± 0.07[ab]	0.04
	10～20 cm	0.27 ± 0.03	0.58 ± 0.04	0.26 ± 0.03	0.58

注：表中数据以平均值±标准误来表示；同行数据肩标不同小写字母表示差异显著（$P<0.05$）。

五、小结

本研究的结果表明青藏高原在牧草生长季（8月）适度利用（留茬2～4 cm）冬春季草场，家畜不仅能够摄取优质的青绿牧草，而且与不利用相比不会导致枯黄期（10月）牧草地上生物量的显著下降。本研究为青藏高原"冬场夏用"放牧管理措施的应用提供了理论和技术支撑，建议合理规划冬春草场，在牧草生长季开展有序轮牧，避免"青草枯用"的现象。

第三节　天然草场补播试验效果评估

祁连山生态牧场主要以天然草地利用为主，草种补播是提升天然草地生产力的主要方式之一，同时由于该牧场位于祁连山国家公园境内，生态优先是该地区发展生产需要优先考虑的要素。在本研究中，通过天然草地草种补播方式，一方面评估草种补播对提升天然草地生产力的潜力、另一方面评估补播方式对于草地生态系统的影响（主要基于对物种多样性分布的影响），研究结果为将来在该地区平衡天然草地生产力提升和植物多样性维护提供参考。

一、研究地点

研究地点位于祁连山生态牧场。

二、研究方法

实施地点和规模：天然草地200亩。

草种和补种方式：补播草种为披碱草草种，每亩播量约为0.5 kg，于6月进行人工撒播。

物种多样性评估：于翌年9月进行，在天然草地和补播草地分别取3块0.5 m × 0.5 m样方，每个样方植物袋装封存，带回实验室对样方内植物进行识别分类，然后对每种植物取微量叶片提取DNA，利用叶绿体基因序列 *TrnL-F* 引物进行序列片段聚合酶链式反应（PCR），扩增产物送相关生物技术公司进行Sanger测序，测序结果在NCBI基因数据库中进行BLAST对比，根据相似性比对结果，并根据形态学特征，最终确定植物种类。

生产力评估：样方中割取的植物现场称取鲜重，带回实验室后105℃下杀青0.5 h，再在80℃条件下将根烘至恒重，用精度为10^{-4} g的天平称取重量。

品质评估：并按照国家相关测定标准测定不同处理样方草样中CP、脂肪及可溶性糖等品质指标。

三、天然草场补播生产力提升评估

补播草地和天然草地产草量测定结果表明，补播草地鲜重产量折后亩产平均为1 160.0 kg，天然草地鲜重产量折后亩产平均为666.7 kg，补播草地鲜草产量较天然草地产量提高约42.5%；补播草地草样水分含量为65.9%，天然草地水分含量为61.1%，补播草地水分含量略高于天然草地；补播草地干重产量折后亩产平均为395.6 kg，天然草地干重产量折后亩产平均为259.5 kg，补播草地干草产量较天然草地产量提高约34.4%。从总体结果来看，通过补播手段，补播草地草产量得到了显著提升，每亩可多生产草100 kg以上，补播草地产量较天然草地提升幅度可达30%以上，补播手段显著提升了草地生产力（图2.6）。

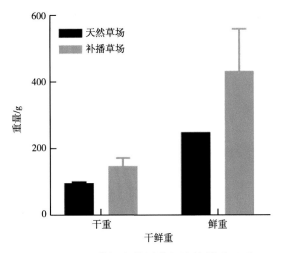

图2.6　天然草场和补播草场植株鲜重干重

四、天然草场补播品质评估

不同草地处理品质测定结果表明，天然草地CP含量平均为11.4%，脂肪含量平均为17.3 g/kg，可溶性糖含量平均为7.7%；补播草地CP含量平均为9.7%，脂肪含量平均为19.0 g/kg，可溶性糖含量平均为8.4%。初步比较，天然草地CP含量略高于补播草地，但是补播草地脂肪含量和可溶性糖含量略高于天然草地。进一步利用方差分析进行差异显著性测验，结果表明两种处理方式下3个品质指标间都不存在显著性差异（图2.7）。

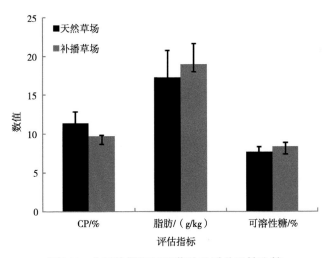

图2.7　人工补播和天然草地品质差异性比较

五、不同草地之间物种多样性评估

1.天然草地物种多样性评估

利用形态学识别并结合植物条形码技术（叶绿体基因片段），对天然草地取样的植物物种多样性进行了鉴定，结果表明从天然草地中共鉴定出11科，17个属，25个种。禾本科种最多，包括5个不同属10个不同种；其他科属共有15种。25个物种在不同小区之间分布不均，在小区1中鉴定到植物8科，13属，16种；小区2中鉴定到植物6科，10属，14种；在小区3中鉴定到植物7科，10属，12种。3个小区共享植物4种，分别是二裂委陵菜、垂穗披碱草、林地早熟禾和平车前；在小区1和小区2中共有植物为8种，分别是委陵菜、二裂委陵菜、细叶早熟禾、林地早熟禾、垂穗披碱草、平车前、川滇毛茛和高山唐松草；在小区2和小区3中共有植物6种，分别是平车前、林地早熟禾、高山豆、紫花针茅、二裂委陵菜和粗毛肉果草。小区1中独有植物种类是4种，分别为打箭风毛菊、中华羊茅、细叶早熟禾，以及鳞茎堇菜；小区2中特有植物6种，为甘肃马先蒿、寒山羊茅、披碱草、团穗薹草、长芒披碱草、圆穗薹草；天然3号特有植物为3种，分别是细穗唐松草、毛果婆婆纳和高山龙胆（图2.8至图2.10，表2.6）。

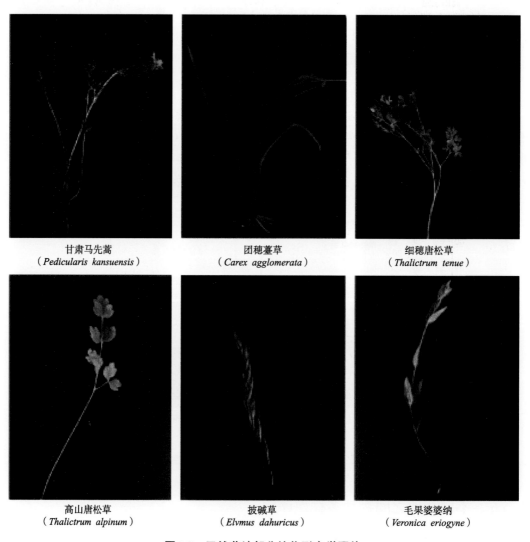

甘肃马先蒿
（*Pedicularis kansuensis*）

团穗薹草
（*Carex agglomerata*）

细穗唐松草
（*Thalictrum tenue*）

高山唐松草
（*Thalictrum alpinum*）

披碱草
（*Elymus dahuricus*）

毛果婆婆纳
（*Veronica eriogyne*）

图2.8　天然草地部分植物形态学照片

高山龙胆
（*Gentiana algida*）

长芒披碱草
（*Elymus dolichatherus*）

打箭风毛菊
（*Saussurea tatsienensis*）

图2.8　天然草地部分植物形态学照片（续）

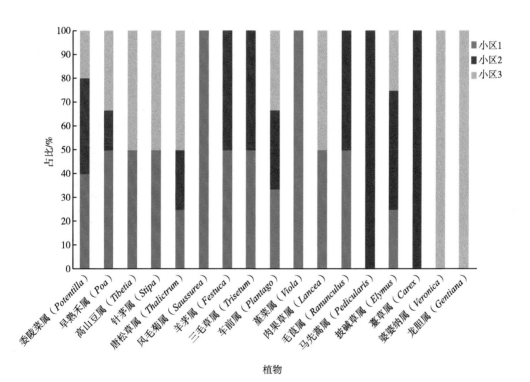

图2.9　天然草场不同小区中植物分布

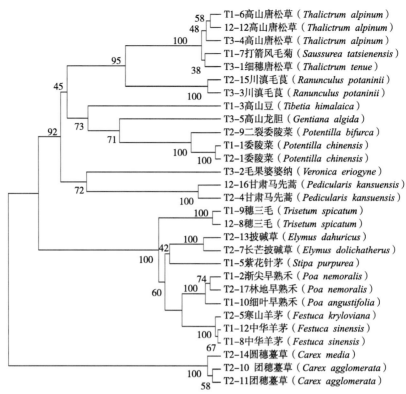

图2.10 利用*TrnL-F*序列创建的天然草场植物UPGMA系统发育树

表2.6 天然草地物种多样性分布

科	属	种	小区1	小区2	小区3
禾本科（Poaceae）	早熟禾属（Poa）	渐尖早熟禾（P. nemoralis）			
		林地早熟禾（P. nemoralis）			
		细叶早熟禾（P. angustifolia）			
	三毛草属（Trisetum）	穗三毛（T. spicatum）			
	针茅属（Stipa）	紫花针茅（S. purpurea）			
	羊茅属（Festuca）	中华羊茅（F. sinensis）			
		寒山羊茅（F. kryloviana）			
	披碱草属（Elymus）	长芒披碱草（E. dolichatherus）			
		垂穗披碱草（E. nutans）			
		披碱草（E. dahuricus）			
莎草科（Cyperaceae）	薹草属（Carex）	圆穗薹草（C. media）			
		团穗薹草（C. agglomerata）			
毛茛科（Ranunculaceae）	唐松草属（Thalictrum）	高山唐松草（Th. alpinum）			
		细穗唐松草（Th. tenue）			
	毛茛属（Ranunculus）	川滇毛茛（R. potaninii）			

续表

科	属	种	小区1	小区2	小区3
菊科（Asteraceae）	风毛菊属（Saussurea）	打箭风毛菊（S. tatsienensis）			
豆科（Fabaceae）	高山豆属（Tibetia）	高山豆（T. himalaica）			
车前科（Plantaginaceae）	车前属（Plantago）	平车前（P. depressa）			
	婆婆纳属（Veronica）	毛果婆婆纳（V. eriogyne）			
玄参科（Scrophulariaceae）	肉果草属（Lancea）	粗毛肉果草（L. hirsuta）			
列当科（Orobanchaceae）	马先蒿属（Pedicularis）	甘肃马先蒿（P. kansuensis）			
蔷薇科（Rosaceae）	委陵菜属（Potentilla）	二裂委陵菜（P. bifurca）			
		委陵菜（P. chinensis）			
堇菜科（Violaceae）	堇菜属（Viola）	鳞茎堇菜（V. bulbosa）			
龙胆科（Gentianaceae）	龙胆属（Gentiana）	高山龙胆（Gen. algida）			

注：阴影部分示该物种存在小区。

2. 补播草地物种多样性评估

通过形态学和DNA条形码检测，在人工补播草地中共辨认出植物7科、9属、12种，其中在小区1中共6科、7属、8种，在小区2中共3科、3属、3种，在小区3中共4科、6属、6种。补播草场3个小区中共有植物2种，分别是垂穗披碱草、西伯利亚蓼；补播1区和补播3区草场共有二裂委陵菜、垂穗披碱草和西伯利亚蓼3种植物。补播3个小区中，补播1区特有植物是海乳草林地早熟禾、披碱草、川滇毛茛和平车前；补播3区特有植物是灰早熟禾、大颖以礼草和打箭风毛菊（图2.11至图2.13，表2.7）。

海乳草	林地早熟禾	蕨麻
（Glaux maritima）	（Poa nemoralis）	（Potentilla anserina）

图2.11　补播草地中部分物种形态学照片

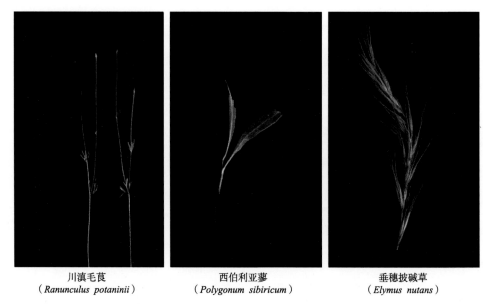

川滇毛茛
（*Ranunculus potaninii*）　　西伯利亚蓼
（*Polygonum sibiricum*）　　垂穗披碱草
（*Elymus nutans*）

图2.11　补播草地中部分物种形态学照片（续图）

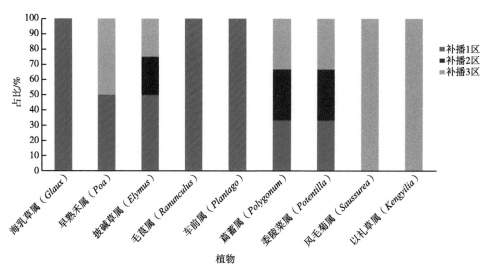

图2.12　补播草地不同小区中植物的分布

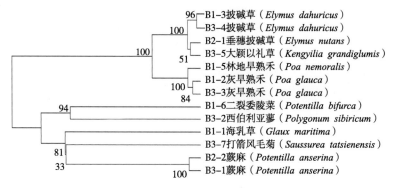

图2.13　利用 *TrnL-F* 序列创建的补播草场植物UPGMA系统发育树

表2.7　补播草地中物种多样性分布

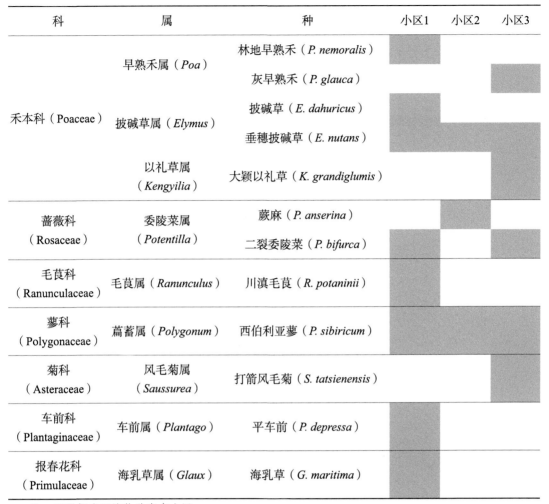

科	属	种	小区1	小区2	小区3
禾本科（Poaceae）	早熟禾属（Poa）	林地早熟禾（P. nemoralis）	■		
		灰早熟禾（P. glauca）			■
	披碱草属（Elymus）	披碱草（E. dahuricus）	■		■
		垂穗披碱草（E. nutans）	■		■
	以礼草属（Kengyilia）	大颖以礼草（K. grandiglumis）			■
蔷薇科（Rosaceae）	委陵菜属（Potentilla）	蕨麻（P. anserina）		■	■
		二裂委陵菜（P. bifurca）	■		■
毛茛科（Ranunculaceae）	毛茛属（Ranunculus）	川滇毛茛（R. potaninii）	■		
蓼科（Polygonaceae）	萹蓄属（Polygonum）	西伯利亚蓼（P. sibiricum）	■	■	
菊科（Asteraceae）	风毛菊属（Saussurea）	打箭风毛菊（S. tatsienensis）			■
车前科（Plantaginaceae）	车前属（Plantago）	平车前（P. depressa）	■		
报春花科（Primulaceae）	海乳草属（Glaux）	海乳草（G. maritima）	■		

注：阴影部分示该物种存在小区。

3. 天然草地和补播草地物种多样性比较

从天然草地和补播草地中共鉴定到31个种，从天然草地中鉴定出26个种，从人工补播草地中鉴定出了12个种，其中7个种为两种类型草地共有，它们是打箭风毛菊、林地早熟禾、川滇毛茛、二裂委陵菜、披碱草、平车前和垂穗披碱草。委陵菜、渐尖早熟禾、高山豆、紫花针茅、高山唐松草、中华羊茅、穗三毛、长芒披碱草、鳞茎堇菜、粗毛肉果草、甘肃马先蒿、寒山羊茅、团穗薹草、圆穗薹草、细穗唐松草、毛果婆婆纳、高山龙胆、细叶早熟禾等19个种为天然草地特有植物。海乳草、西伯利亚蓼、蕨麻、大颖以礼草、灰早熟禾等5个种为补播草地特有植物（图2.14）。

比较两种草地物种多样性分布特征表明，天然草地物种数量是人工草地的2倍多，天然草地特有的种数量是人工草地特有种数量的3倍多。

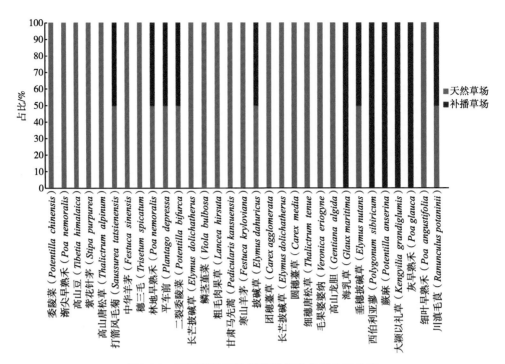

图2.14 天然草地和补播草地植物分类单元分布

六、小结

补播草种显著提升了草地的生产力。研究结果表明，补播草地干重产量较天然草地提升30%以上。在补播试验中利用的草种为披碱草，市场出售的披碱草种子主要为垂穗类披碱草，里面可能混合有垂穗披碱草、短芒披碱草、无芒披碱草等，由于这几类披碱草亲缘关系较近，叶绿体基因序列同源性很高，利用叶绿体基因条形码技术不能很好区分，因此在本研究中，通过形态学和序列测定在补播草地鉴定出垂穗披碱草符合播种预期种子组成类型。在高原地区生长的垂穗类披碱草株型高大、生物量远高于其他类型的禾草。本研究补播草地产量的提高，很大一部分将归因于上一年补播草种的生物产量。另外，补播草种一定程度上改变了生长的微环境，创造了有利于当地原生披碱草类植物的生长，促进了其他草种的快速生长，从而综合提升了补播草地的生物产量。对比不同类型草地的品质组成，表明补播草地和天然草地类型之间在蛋白质含量、脂肪以及可溶性糖等方面没有显著性差异，由于披碱草为优质类草种，CP含量一般高于其他禾草，在本试验中虽然天然补播草地中植物数量减少，在某个方面有可能降低草的营养品质，但是由于披碱草的高营养特性可能补充了这方面的损失。

补播草种降低了当地草地的物种多样性。研究结果表明，补播草地植物种类数量远低于天然草地植物数量，这可以解释为补播草地中补播草种生长初期及生长后期形成的微环境限制了其他天然草种的生长。在人工补播草地中检测到了5个草种为该草地类型特有，海乳草、西伯利亚蓼、蕨麻为高原分布物种，比较适应于潮湿环境，补播草地中优势草种披碱草株型高大，形成了比较郁闭潮湿的环境，促进这些物种的生长，而天然草地相对干燥，不利于其生长。以礼草属植物及灰旱熟禾相对适应于干旱地区，在初期补播试验中，补播种子中有可能混杂有该类种子，因此，这类种子只在个别小区中发现。

祁连山生态牧场由于地处祁连山生态保护区，生态效益是首先必须考虑的要素，在补播试验中表明，虽然补播方式显著提升了草地生产能力，但是同时也引起了物种多样性的下降。因此，从大的方面考虑，在该地区生活的人群，通过人为方式提升草地生产能力的同时，如何权衡生产和生态保护的关系需要进一步考虑；从小的方面考虑，宜进一步研究在该地区天然草地生产能力与物种多样性保持的平衡点，即在维持一种较高生产能力的同时能保持较高的生物多样性。

另外，虽然补播草地和天然草地在营养品质上无显著差别，但是物种多样性的下降，也同时伴随有相应草种功能成分的丧失，在传统的放牧方式中，牧民很重视当地草种对牛羊健康的保护作用，因此草种多样性的下降，有可能影响当地牛羊健康养殖。在未来通过补播多样性草种及改良补播方式以维持当地物种多样性水平，可能也是实现健康养殖值得考虑的一个问题。

第三章　优质饲草料供给及加工技术

第一节　饲用玉米品种优化与生产示范

饲用玉米为C_4光合作物，相对于C_3光合型植物如燕麦、青稞等作物具有显著的生长优势，玉米为喜温作物，根据青海农业积温特点，玉米很难在高海拔地方完成生育期、最终收获籽粒。但是，以饲用为利用目标的玉米种植，在不要求完成整个生育期的前提下，可以通过充分利用当地的光温条件来获得一定的生物产量，并配合相应青贮利用的技术，从而收获可供当地养殖利用的青贮饲料。青贮饲料玉米品种铁研53为目前在青海地区当地农业部门主要推广的一个品种，该品种具有抗旱、耐寒及生物产量高等特点。在本研究示范中，首先通过当地推荐品种铁研53在湟水河智慧牧场的生产性能、品质等进行示范评价，其次通过有关专家推荐引进新的饲料品种在该地进行试种评价。本试验示范一方面可为当地牧场生产高产优质青贮饲料，另一方面可为将来在该地种植饲料品种、生产优质青贮饲料等的优化提升提供参考。

一、研究地点

研究地点位于湟水河智慧牧场、柴达木绿洲牧场。

二、研究方法

栽培方法：整地及土壤处理为前茬作物收获后及时深翻，耕深25 cm以上，耕深一致，不重耕漏耕。覆膜前机械平整土地。

施肥：化肥以磷酸二铵为主，磷酸二铵每亩25 kg，尿素每亩25 kg。

覆膜：选择白膜，膜宽120 cm，铺好后膜面100 cm，膜与膜间距50 cm，沟心到沟心距离150 cm。起垄时按地膜幅宽起垄，膜两边各留10.00~15.00 cm取土压在相邻两垄的垄沟内，垄沟宽20.00 cm，每隔2.00~3.00 m取土横覆在垄面上，保证地膜平整；垄高10.00~15.00 cm；依次覆完整个地块。

播种：播种期为4月25—27日，采用机械滚动式播种器穴播。全膜双垄玉米垄沟播种，宽行70.00 cm，窄行40.00 cm；单垄覆膜玉米垄面播种，种2行。播种深度5.00～7.00 cm，行距45 cm，株距23 cm，每穴播1～2粒种子，播后用畜圈粪土覆盖播种孔。每亩播种量为2.35～2.78 kg，每亩保苗6 500株。

苗期管理：在苗期及时放苗、查苗、补苗，发现缺苗及时移栽，保证全苗；三至五叶期进行间苗、定苗，留壮苗、间弱苗，每穴留苗1株。

除草：在苗期化学除草1～2次，同时疏松土壤；在穗期、花粒期视垄沟内杂草生长情况人工拔除杂草1～2次。

收获及青贮：于9月底至10月初机械采收，收获后加青贮剂处理后，入窖青贮。

品种：铁研53、豪威168、天和6号、SSC1、力栗702、垦玉10号、京源早247、青早510、中原单32、豫青贮23、北农青贮208、大京九26、墨西哥玉米草、苏丹草等。

三、湟水河智慧牧场饲用玉米品种引进示范示范

1. 不同品种长势及生育时期观察

种植的5个品种植株在后期总体高大，其中豪威168植株表现最为高大，其次为SSC1，天和6号和力栗702在5个品种中植株较低；从生育期来看，豪威168和SSC1开花时间最晚，天和6号和力栗702开花时间较早。

2. 不同品种产量评价

对5个不同品种在9月中旬进行取样评估，每个品种随机取5个单株进行鲜重及干重测定，并按照每亩保苗6 500株进行亩产量折算。结果表明，5个品种平均亩产鲜重为7 436 kg，亩产干重为1 306.24 kg，SSC1品系鲜重最高，为每亩8 840 kg，铁研53鲜重最低为6 175 kg每亩；干重产量豪威168最高，为每亩1 520 kg，天和6号最低，为1 082 kg每亩（表3.1）。

表3.1　不同饲料玉米品种产量评估

品种名称	平均单株鲜重/g	平均单株干重/g	折后亩产鲜重/kg	折后亩产干重/kg
豪威168	1 235	233.9	8 027.5	1 520.35
铁研53	950	196.5	6 175	1 277.25
天和6号	1 010	166.5	6 565	1 082.25
SSC1	1 360	202.5	8 840	1 316.25
力栗702	1 165	205.4	7 572.5	1 335.1
平均	1 144	201.0	7 436	1 306.24

3. 不同品种生长后期水分动态变化

水分含量是影响玉米青贮质量的一个关键指标，在高海拔地区由于玉米生长期积温

不够，玉米不能完全成熟，后期不同玉米品种的含水量对于最终产量的形成及青贮质量都有显著影响。不同玉米品种后期水分含量检测表明，在生长后期整个植株总含水量呈现下降的趋势，平均降低幅度为4.07%。其中铁研53和豪威168降幅最大，分别达8.85%和7.84%，天和6号略有升高，升幅为0.60%。同时，不同品种不同器官含水量变化不尽相同。在生长后期，不同玉米品种中叶片水分含量呈现整体下降趋势，平均降幅为6.43%，其中品种铁研53和力栗702降幅最大，分别达11.63%和9.57%，天和6号降幅最小为2.36%。在茎秆中，虽然不同品种含水量平均下降幅度为0.14%，但是5个品种除豪威168外（降幅达9.91%），其他品种含水量呈现上升的趋势，其中力栗702和天和6号的上升幅度最大，分别为3.63%和3.45%（表3.2）。

表3.2 不同时期不同品种水分含量及变化

日期	品种名称	茎秆水分含量/%	叶片水分含量/%	整个植株总水分含量/%
8月24日	豪威168	91.02	85.23	88.0
	铁研53	82.80	90.19	87.0
	天和6号	81.20	84.7	83.0
	SSC1	83.10	88.3	87.0
	力栗702	79.90	90.12	86.0
	平均	83.60	87.70	85.75
9月16日	豪威168	82.0（-9.91）	80.5（-5.55）	81.1（-7.84）
	铁研53	84.0（1.45）	79.7（-11.63）	79.3（-8.85）
	天和6号	84.0（3.45）	82.7（-2.36）	83.5（0.60）
	SSC1	84.6（1.81）	85.9（-2.72）	85.1（-2.18）
	力栗702	82.8（3.63）	81.5（-9.57）	82.3（-4.30）
	平均	83.48（-0.14）	82.06（-6.43）	82.26（-4.07）

注：表内括号中数字表示与前期相比水分含量变化率（%），下同。

4. 不同品种生长后期营养成分动态变化

对不同玉米品种生长后期营养成分进行动态检测表明，在后期随着生长发育进程，各营养成分含量呈现迅速上升趋势。在8月24日取样检测中，不同品种CP含量、可溶性糖、NDF和ADF平均值分别为2.62%、2.99%、14.92%和8.65%，20 d后检测各成分平均值依次为8.56%、23.76%、56.6%和32.78%，分别较前期增长226.7%、694.6%、279.4%和279.0%。在不同营养成分中可溶性糖含量相对其他成分增速最快。不同营养成分在不同品种中的变化不尽相同，豪威168和铁研53蛋白质含量增速最快，增幅分别达348.0%和334.8%，力栗702增幅最小为169.5%；豪威168和SSC1可溶性糖增幅最大，分别为

1 089.6%和932.9%，力栗702增幅最小，为414.8%；豪威168和铁研53NDF增幅最大，分别为526.7%和470.3%，力栗702增幅最小，为169.3%；ADF在豪威168和铁研53中增幅最大，分别为457.1%和407.6%，天和6号和力栗702增幅最小，分别为193.9%和167.5%（表3.3）。

表3.3 不同时期不同品种营养成分含量及变化

日期	品种名称	CP含量/%	可溶性糖/（g/100 g）	NDF/%	ADF/%
8月24日	豪威168	2.00	2.11	8.6	5.6
	铁研53	1.90	2.92	10.1	6.6
	天和6号	3.00	2.70	21.1	11.4
	SSC1	3.00	2.13	15.9	7.94
	力栗702	3.21	5.07	18.9	11.7
	平均	2.62	2.99	14.92	8.65
9月16日	豪威168	8.96（348.0）	25.1（1 089.6）	53.9（526.7）	31.2（457.1）
	铁研53	8.30（336.8）	22.7（677.4）	57.6（470.3）	33.5（407.6）
	天和6号	8.19（173.0）	22.9（748.2）	59.8（183.4）	33.5（193.9）
	SSC1	8.70（190.0）	22.0（932.9）	60.8（282.4）	34.4（333.3）
	力栗702	8.65（169.5）	26.1（414.8）	50.9（169.3）	31.3（167.5）
	平均	8.56（226.7）	23.76（694.6）	56.6（279.4）	32.78（279.0）

5. 不同品种综合评价

综合产量和品质测定指标，品种豪威168从干鲜重产量、CP含量及可溶性糖等含量均排在其他品种的前列，NDF和ADF较低，水分含量较低，综合考虑，豪威168可为当地饲用玉米种植的首选品种；力栗702干鲜重产量仅次于豪威168、可溶性糖含量高、NDF含量低，而且生育期表现早熟，适于适早收获，力栗702可作为当地次选品种。品种天和6号的干重产量及品质表现等方面均劣于其他品种，为当地生产末选品种（表3.4）。

表3.4 不同饲料玉米品种综合性能比较

指标	豪威168	铁研53	天和6号	SSC1	力栗702
收获期	9月25日	9月25日	9月25日	9月25日	9月25日
熟性	晚	中	早	晚	早
鲜重亩产量/kg	8 027.5	6 175	6 565	8 840	7 572.5
干重亩产量/kg	1 520.4	1 277.3	1 082.3	1 316.3	1 335.1

指标	豪威168	铁研53	天和6号	SSC1	力栗702
水分含量/%	81.1	79.3	83.5	85.1	82.3
CP含量/%	8.96	8.3	8.19	8.7	8.65
可溶性糖/（g/100 g）	25.1	22.7	22.9	22	26.1
NDF/%	53.9	57.6	59.8	60.8	50.9
ADF/%	31.2	33.5	33.5	34.4	31.3
综合排名/名	1	4	5	3	2

四、湟水河智慧牧场饲用玉米品种优化与栽培

1. 不同品种密植产量表现

对每个品种随机取10株进行产量测定，并按照每亩7 000株进行折算，测定每亩产量，结果表明2个品种鲜重亩产量平均为6 431.25 kg，干重亩产量为1 102.5 kg。2个品种间进行比较，垦玉10号产量显著高于京源早247，鲜重和干重产量分别高约40.98%和57.14%，垦玉10号植株含水量低于金源早247约1.84%，表明相对于京源早247，垦玉10号表现高产，铁研53在该地区产量鲜重为每亩6 175 kg、干重为1 277.35 kg（2018年试验数据），相比之下垦玉10号在此种植条件下，产量比铁研53具有一定的优势，垦玉10号可以作为一个适应性饲料玉米品种在此地进行种植（表3.5）。

表3.5　垦玉10号不同栽培方式下产量和品质表现

品种名称	单株鲜重/kg	单株干重/kg	含水率/%	鲜重亩产量折算/kg	干重亩产量折算/kg
垦玉10号	1.075	0.192 5	82.09	7 525	1 347.5
京源早247	0.762 5	0.122 5	83.93	5 337.5	857.5
平均	0.918 75	0.157 5	83.01	6 431.25	1 102.5

2. 垦玉10号增施有机肥产量和品质变化

对同一品种垦玉10号使用两种不同的施肥处理，对收获期产量和品质进行测定结果表明，施加有机肥产量鲜重为每亩7 741.4 kg、干重为1 267 kg，较对照鲜重6 070.7 kg、干重777.05 kg分别增产27.52%和45.00%，使用有机肥和化肥作为混合底肥比单使用化肥，产量得到显著提升。对品质进行测定比较，结果表明使用有机肥后垦玉10号整株CP含量为8.2%，而对照为6.83%，CP含量处理组较对照组高出20.09%，使用有机肥后整株CP含量得到显著提升。可溶性糖处理组显著低于对照组约7.17%，ADF处理组高出对照组约16.71%。整株水分测定结果表明，处理组水分含量低于对照组约2.11%。综合分析，使用

有机肥混合化肥栽培处理，玉米品种的鲜重产量、干重产量及CP含量显著高于单使用化肥的栽培处理，另外整株含水量也略有降低，表明在饲料玉米种植中底肥加施有机肥可以生产更加高产、优质的青贮用饲料玉米（表3.6）。

表3.6 垦玉10号不同栽培方式下产量和品质表现

项目	单株鲜重/kg	单株干重/kg	植株含水率/%	CP/%	可溶性糖/（g/100 g）	NDF/%	ADF/%
有机肥+化肥	7 741.4	1 126.7	85.4	8.2	23.3	72.3	44
化肥	6 070.7	777.05	87.2	6.83	25.1	72.7	37.7
变化率/%	27.52	45.00	−2.06	20.09	−7.17	−0.55	16.71

五、柴达木绿洲牧场饲用玉米品种引进与筛选

1. 不同品种生育期观察

从不同品种生育观察，青早510品种为最早熟的品种，在该地区收获时期，有果穗形成，能够进入籽粒形成期，铁研53、中原单23号三叶期和大喇叭口期较早，但开花期晚于豫青贮23、北农青贮208、大京九和豪威（表3.7）。

表3.7 引进不同品种生长生育期

项目	铁研53	中原单32号	青早510	豫青贮23	北农青贮208	大京九26	豪威168	墨西哥玉米草	苏丹草
播种	4月22日	4月22日	4月22日	4月22日	4月22日	4月22日	4月22日	4月22日	4月22日
出苗	5月6日	5月6日	5月6日	5月6日	5月6日	5月6日	5月6日	5月6日	5月6日
三叶期	6月18日	6月18日	6月18日	6月23日	6月23日	6月25日	6月20日	6月25日	6月23日
大喇叭口期	7月8日	7月8日	7月8日	8月15日	8月15日	8月15日	8月15日	8月17日	8月17日
开花期	10月9日	10月9日	8月9日	9月15日	8月15日	9月15日	9月15日	—	—
籽粒形成期	—	—	9月20日						

2. 不同品种长势观察

对9个不同品种从播种到收获时期观察，从整体长势上饲用玉米品种铁研53、中原单32号及青早510等3个品种比其他品种优势显著，其他几个品种从生育期及长势来看，都表现为对该地区不适应特性，表现为生育期滞后，到后期植株低的特征，表明这些品种引种栽培价值不高。

3. 主要品种产量评估

引进试种的8个品种中，除铁研53、中原单32号及青早510外的其他品种，在该地区生长呈现明显的不适应，后期产量评估重点针对产量（生物量）排名前5的品种进行。产量评估于9月26日进行，由于各品种为等距离种植，测产时每品种随机选择4株进行鲜重现场测定，鲜重材料取回实验室，进一步烘箱烘干后进行干重测定及水分含量测定。得到4株平均产量，按照每亩保苗6 000株换算成亩产量（表3.8）。

产量测定结果表明，饲用玉米品种铁研53鲜重最高，每亩可达7 272 kg，分别高出中原单32号和青早510品种119.96%和66.26%；青早510干重最高，每亩可达1 357.5 kg，分别高出铁研53和青早510品种9.70%和17.53%。通玉9829和豪威168鲜重产量和干重产量显著低于铁研53等3个品种。

表3.8 主要饲料玉米品种产量表现

品种名称	单株干重/kg	单株鲜重/kg	含水率/%	鲜重亩产量/kg	干重亩产量/kg
青早510	0.226	0.729	68.95	4 374	1 357.5
通玉9829	0.098	0.505	80.45	3 030	588
豪威168	0.109	0.661	83.55	3 960	654
铁研53	0.206	1.212	82.99	7 272	1 237.5
中原单32号	0.192	0.551	84.2	3 306	1 155

4. 主要品种品质表现

对于5个不同品种收获后营养品质成分检测结果表明，5个品种CP含量、可溶性糖、NDF和ADF均值为6.78%、22.52%、52.74%和28.74%。不同品种各营养指标表现不尽相同，通玉9829的蛋白质含量最高、豪威168的糖分含量最高、铁研53的NDF含量最高、中原单32号ADF含量最高。2018年湟中地区青贮玉米不同品种CP、可溶性糖、NDF和ADF为8.56%、23.76%、56.6%和32.78%，CP含量显著高于在海西茶卡地区玉米（表3.9）。

表3.9 不同品种营养成分含量

品种名称	CP/%	可溶性糖/（g/100 g）	NDF/%	ADF/%
青早510	6.78	26.3	53.3	23.1
通玉9829	8.01	29.1	45.0	28.3
豪威168	6.74	29.5	46.9	24.5
铁研53	6.58	12.6	60.1	35.1
中原单32	5.79	15.1	58.4	32.7
平均	6.78	22.52	52.74	28.74

六、小结

通过对7个引进的饲用玉米品种和1个苏丹草品种在柴达木绿洲牧场适应性试验观察，筛选出玉米饲用品种铁研53、中原单32号及青早510品种对该地区具有较好的适应性。铁研53和中原单32号在青海东部地区作为饲用玉米品种已有几年的种植历史，两个品种对低温和干旱具有良好的适应性。青早510为特早熟玉米品种，该品种在生长中期和后期，从植株高度和繁茂程度，较铁研53相差较大，单位面积鲜重低于铁研53，但是由于该品种成熟度高，后期植株含水量低，单位面积干重显著高于铁研53。铁研53作为高产饲用品种，在青海东部地区种植面积较大，铁研53高产需要水温条件较好地区实现，而在金泰牧场干旱、缺水条件下，品种青早510显得更有优势。豪威168为晚熟性品种，在湟中地区种植时产量优势明显，且明显高于铁研53等品种，但是在茶卡地区种植时干物质积累量显著低于铁研53，由于茶卡地区整个生育期过程中缺水严重，而在湟中种植地区降水较多，豪威168严重不适应于干旱环境，而铁研53相对表现出一定的抗旱特性。

水资源限制是柴达木绿洲牧场饲用玉米品种大面积示范推广的主要限制因子。在本试验中，在青海东部地区种植的饲用品种在该地区种植时，在整个生长期内，生长发育时期基本相差不大，说明在该地区从生长期积温条件上，能够满足饲用玉米生产。但是从长相来看明显差于东部地区生长，主要原因为水资源短缺，在生长期缺水时期不能及时补水为主要限制因素，在该地区由于风速较大，在天然降水不及时时，空气干旱和土壤干旱很容易发生。玉米为高水肥型栽培作物，有灌溉条件的地区，玉米栽培推荐在苗期、大喇叭口期、抽雄吐丝期、灌浆期等生长时期进行灌水，但是在该牧场进行试验过程中只在苗期和大喇叭口时期进行了有效灌水，而在其他关键生长期，渠道中常常无水可浇。因此，在将来能够在全生育期保证不缺水的条件下，在该地区种植饲料玉米品种，具有很大的生产潜力和推广应用价值。

在作物栽培生产中，选用合适的品种，并建立相应的优化栽培技术手段，是达到高产、优质及高效的重要技术手段。在本示范中首先选用比较早熟、抗倒伏性强、耐密植的品种，通过提高单位面积种植密度来提高产量，从结果来看，当提升饲料玉米品种的种植密度，可以显著提升饲料玉米的鲜重和干重。饲料玉米主要是以收获生物学产量为目标，显著区别于通过收获籽粒产量为目标的生产方式。在高海拔地区采用耐密植品种及密植栽培方式，密植群体微环境可能具有提高环境温度、后期降低底层水分蒸发及适当提前发育进度等的效应。

本试验揭示在饲用玉米生产中，使用有机肥可以显著提升饲用玉米的产量和品质，产量提升可达20%以上，CP含量提升10%以上。由于牧场养殖过程中会产生大量的动物排泄废物，在种养结合中，有效利用这些废物作为有机肥用于生产，既能显著提升生产效益，又能达到物质循环利用的目的。

在试验示范中，饲用玉米产量年际间产量波动较大，本示范地为海拔较高地区，种植耕地为雨养土地，在示范过程中观察到在生育期内降水量对产量影响较大，降水量充沛的年份一般长势良好、产量较高；其次生长后期平均温度较高，并适合生长温度持续期延长，往往对降低植株水分、提高干物质产量具有明显的效果。

高海拔天然禀赋限制了青贮玉米生产的品质提升。玉米为喜温作物，但是湟水河智慧牧场地处海拔约2 900 m，全年积温低，无霜期短，该地区玉米生长有效期在5—9月，而且在播种期或收获期很容易遭受低温、霜冻等危害，适当晚播和早收能够提高生产的安全性。由于上述条件，在该地区种植的玉米品种生长期短、生长期温度低，因此生产的玉米很难达到优质青贮用的标准。优良的青贮玉米，在收获期时全株含水率平均应为65%~70%，干物质含量达到30%以上，但是在该地区种植饲料玉米中，各品种水分含量接近80%或80%以上。从成熟度来看，优质青贮玉米的最适收割期为玉米籽实的乳熟末期至蜡熟前期，如以籽粒乳线位置作为判别标准，则乳线处于1/3~1/2时最宜，此时收获可获得产量和营养价值的最佳值，但是在本试验中的玉米品种，在收获时没有一个品种的发育时期处于乳熟期，早熟型品种如天和6号和力栗702处于籽粒形成初期，而其他晚熟的品种则处于抽丝期左右时期，因此从发育时期上来看，在该地区生产饲用玉米很难达到优质青贮玉米的生育期。

适宜当地青贮用玉米品种应综合评价选择利用。由于在该地区，玉米适宜生长期有限，从发育时期很难达到优质青贮标准，因此在此地可将达到最大生物量作为一个生产性能的首要目标，一般来说晚熟性品种，由于具有更长的叶片功能期，从而能够形成更高的生物学产量，在本试验中品种豪威168和品系SSC1为晚熟性品种，这两个品种在长势上表现为形态高大，而且在后期鲜重上也高于其他品种，然而在鲜重上SSC1高于豪威168，但是在干物质生产上豪威168显著高于SSC1，这表明虽然这两个品种都为晚熟性品种，但是SSC1更加呈现其为一个喜水性品种，由于试验区域地处海拔较高地区，在当年7—8月降水较多，SSC1在鲜重上表现为优势，但是如果在干旱发生年份，有可能表现为产量降低。晚熟性品种，在干物质积累上在生长后期较其他品种表现为很大优势，蛋白质、糖分等积累较其他品种快，由此可见晚熟品种生产潜力受限于后期生长时期，后期生长时期越长，生产性能越高，但是受当地生长后期气候所限，9月时气温降低，而且遭遇早期霜冻等的概率显著上升。同时，虽然豪威168和SSC1同为晚熟性品种，但是在后期豪威168在干物质积累上较SSC1具有明显优势，表明豪威168比SSC1对生长后期低温可能具有更高的耐受性。力栗702为早熟性品种，田间观察植株形态明显低于豪威168和SSC1，同时鲜重测定时，鲜重产量低于豪威168和SSC1，但是高于其他品种，而干重产量仅次于豪威168，在生长后期蛋白质、糖分、纤维素等成分的积累上，力栗702的增加幅度都明显低于其他品种，这表明作为早熟品种，力栗702在干物质积累上可能早于其他品种，与同期品种相比在生长后期干物质积累速度变缓，由于前期生长发育时温度较高，力栗702发育较快，可能先于其他品种积累了更多的干物质。从生产潜力来看，如果玉米生长后期生长适宜期延长，其他品种可能在产量上超过力栗702，但是如果遭遇低温冷害，力栗702生产优势明显。因此，力栗702可以作为当地一个高产、稳产性品种在生产中加以利用。天和6号和力栗702同为早熟性品种，但是在生产性能上天和6号明显不及力栗702，表现为对当地光温的不适性。通过对我们品种适应性结果分析来看，在该地区选择利用晚熟性和早熟性不同熟性的品种都可以实现高产的目标，但选择早熟性品种能更好地规避农业气候灾害，在生产中达到高产稳产的目的。另外，在同一熟性品种中不同品种在不同生长期对光温等环境因素的反应不尽相同，品种适应性综合评价非常重要。

第二节　多年生人工草地生产力对种植方式的响应

建植人工草地是恢复天然草地、解决饲草短缺最有效的方法。并且人工草地产量和品质均优于天然草地，可有效缓解天然草地的放牧压力，从而减轻因放牧导致的草地退化，增加牧区植被覆盖面积，有效保障牧区牧民经济效益的同时维护当地自然生态安全。青藏高原是全球海拔最高的独特自然地理单元，是我国主要的草地畜牧业生产基地，也是我国乃至亚洲重要的生态安全屏障，在水源涵养、气候稳定、碳平衡、生物多样性保护和牧区经济发展等方面发挥着重要作用（傅伯杰等，2021）。全区总面积约 2.6×10^6 km²，其中草地面积 1.5×10^6 km²，约占全国草地面积的1/3。过去几十年，随着人类活动和全球气候变化影响的加剧，青藏高原部分地区草地退化严重，全区退化草地比例达80%以上（傅伯杰等，2021），加剧了该区草畜矛盾，威胁着区域生态系统的稳定和生态安全屏障功能的发挥（Li et al.，2019）。多年研究表明，建植人工草地是恢复重度退化草地的一种重要手段，也是减轻天然草地放牧压力和提高草地生产力的重要措施，既可以为家畜提供优质饲草，也有助于保护和恢复已退化草地，实现天然草地生态系统功能属性转移，保障生态安全与草地畜牧业的稳定可持续发展（尚占环等，2018；古琛，2022）。

目前，针对青藏高原高寒牧区人工草地牧草品种筛选、种植技术与模式等方面已有大量研究。垂穗披碱草、中华羊茅、冷地早熟禾、草地早熟禾等禾本科牧草被广泛应用于人工草地建植（邢云飞等，2020），建植方式主要有单播和混播两种方式。马玉寿等（2002）研究认为，基于生态和放牧兼用型多功能黑土滩治理采用的最优组合为垂穗披碱草+青海中华羊茅+青海草地早熟禾。景美玲等（2017）通过引种16种多年生禾草，发现青海草地早熟禾和青海中华羊茅是适宜青海祁连山区推广种植的优良牧草。侯宪宽等（2015）对青海草地早熟禾的人工草地追踪研究表明，截至2014年，2007年建植的人工草地仍然具有较高的生产力和稳定性，且没有发生明显的退化。人工草地的适应性和稳定性受建植物种配置、建植方式、建植年限及气温、降水、土壤养分等影响（Ganjurav et al.，2022），以上研究主要集中在"黑土滩"分布较广的三江源区和祁连山区，而针对青海湖流域人工草地适应性及稳定性方面的基础研究较为薄弱。

青海湖流域植被类型主要以高寒草原、高寒草甸和温性草原为主，依靠天然草地放牧的草地畜牧业是该区域的主导产业。近年来该区域草地退化和土地沙化严重，因此，基于青海湖流域高寒草地生态系统的区域环境现状及草地畜牧业发展需求建植适宜的人工草地至关重要。青海草地早熟禾（*P. pratensis* Qinghai）和青海中华羊茅（*F. sinensis* Qinghai）

具有较高的饲用价值和较强的适应性（Dong et al., 2020）。本试验以2019年建植的青海草地早熟禾单播、青海中华羊茅单播和青海草地早熟禾+青海中华羊茅混播人工草地为研究对象，于2020年的生长季分析以上人工草地生产力及土壤养分的变化，探讨各多年生人工草地在青海湖流域内的适应性，从而为该区域发展优质人工草地提供借鉴。

一、研究地点

研究地点位于青海湖体验牧场。

二、研究方法

2019年5月初，在试验区设置3个处理，分别为青海草地早熟禾单播、青海中华羊茅单播和青海草地早熟禾+青海中华羊茅混播，每个处理3个重复，采取完全随机区组试验设计，共9个试验小区。青海草地早熟禾和青海中华羊茅种子由青海省畜牧兽医科学院提供。种植时，使用播种机以条播的方式进行播种。青海草地早熟禾和青海中华羊茅单播及混播的播种量及混播比例见表3.10。

表3.10　试验处理

处理	播种比例	播种量/（kg/hm^2）
青海草地早熟禾单播	100%	11.25
青海中华羊茅单播	100%	30.00
青海草地早熟禾+青海中华羊茅混播	50%+50%	5.625+15

于2020年6—8月进行野外观测与样品采集。每个小区随机设置4个50 cm × 50 cm样方用于测定植株高度、盖度及地上生物量，每个处理12个样方，共计36个样方。用目测法估测盖度；在每个样方中随机选取24株植株用钢卷尺测定其自然高度，随后将样方中的牧草齐地面刈割。将刈割的样品带回实验室，先在105℃下杀青30 min，随后在70℃下烘干至恒重，测定其生物量。在8月刈割后的样方中，采用三点取样法，用直径3.5 cm的土钻采集土壤0～10 cm、10～20 cm、20～30 cm（不含20 cm，含30 cm，下同）层土样，将不同土层的土壤样品分别混合均匀为1个样品，每个小区12个土样，共计108个土样。土样采集完成后分为2份。一份鲜样用于测定铵态氮（NH_4^+-N）、硝态氮（NO_3^--N），另一份阴干、碾碎、过筛后用于测定SOM、TN、TP、AP。测定方法参照《土壤农化分析》。

三、不同种植方式对人工草地植被的影响

由图3.1可以看出，在整个生长季，青海中华羊茅单播处理生物量显著低于青海草地早熟禾单播处理（$P<0.05$），青海地早熟禾单播处理与青海草地早熟禾+青海中华羊茅混播处理间生物量无显著差异，且青海中华羊茅单播和青海草地早熟禾+青海中华羊茅混播

处理生物量随着生长季的推移而增加，在8月时达到最高。在6—7月，各多年生人工草地生物量大小排序为青海草地早熟禾单播>青海草地早熟禾+青海中华羊茅混播>青海中华羊茅单播。8月时，青海草地早熟禾+青海中华羊茅混播处理生物量最高，为586.2 g/m²，青海中华羊茅单播处理生物量最低，为342.3 g/m²。各处理牧草高度在6月和8月无显著差异；7月时，青海中华羊茅单播处理牧草高度显著低于青海草地早熟禾单播和青海草地早熟禾+青海中华羊茅混播处理（$P<0.05$）。各处理植被盖度在整个生长季大小排序为青海草地早熟禾单播>青海草地早熟禾+青海中华羊茅混播>青海中华羊茅单播，其中青海中华羊茅单播处理与青海草地早熟禾单播处理间差异显著（$P<0.05$）。

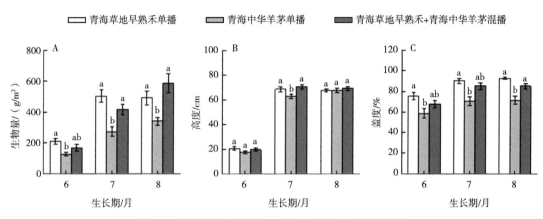

图3.1　不同种植方式人工草地生物量、高度和盖度

注：同一月份不同的小写字母代表不同处理之间差异显著（$P<0.05$），下同。

四、不同种植方式对人工草地土壤养分的影响

种植方式对多年生人工草地土壤养分无显著影响。青海草地早熟禾单播、青海中华羊茅单播和青海草地早熟禾+青海中华羊茅混播人工草地0～10 cm、10～20 cm、20～30 cm土层土壤SOM、TN、TP、NO_3^--N、NH_4^+-N、AP含量虽存在一定差异，但在相同土壤深度下，除AP外（20～30 cm），其他各养分含量在不同处理间差异并不显著（图3.2）。在20～30 cm土壤深度下，青海草地早熟禾+青海中华羊茅混播人工草地AP含量显著高于青海草地早熟禾单播草地（$P<0.05$）。土壤深度对NH_4^+-N和SOM有显著影响，对土壤TN、TP、NO_3^--N、AP影响较弱，土壤NH_4^+-N和SOM还受土壤深度与种植方式交互效应的显著性影响（表3.11）。3种人工草地SWC没有显著差异（图3.3）。

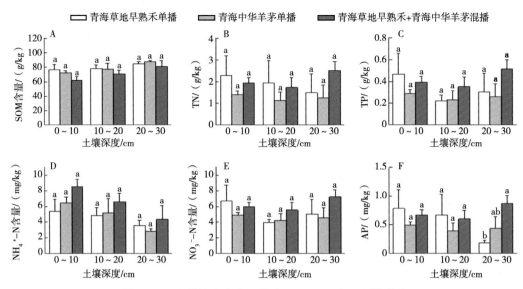

图3.2　不同种植方式人工草地0～30 cm土层土壤养分

表 3.11　土壤养分对土壤深度和种植方式的响应

指标	土壤深度		种植方式		土壤深度和种植方式交互作用	
	F值	P值	F值	P值	F值	P值
TP	0.97	0.39	1.73	0.20	1.35	0.28
NN	1.09	0.35	1.80	0.19	1.44	0.25
AN	**6.26**	**0.01**	2.55	0.10	**4.41**	**0.01**
TN	0.16	0.85	1.48	0.25	0.82	0.53
SOM	**6.26**	**0.01**	2.75	0.09	**4.50**	**0.01**
AP	0.42	0.66	1.36	0.28	0.89	0.49

注：加粗数字表示影响显著。

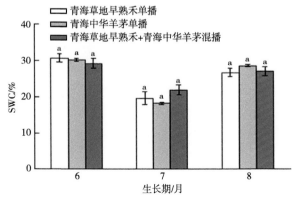

图3.3　不同种植方式人工草地SWC

五、多年生人工草地植被特征与土壤养分间的相关性

相关性分析结果表明，多年生人工草地植被盖度和生物量之间呈显著正相关（$P<0.05$），土壤NO_3^--N、TN、AP和TP之间呈极显著正相关（$P<0.01$），土壤NO_3^--N和TN、AP之间呈极显著正相关（$P<0.01$），土壤NH_4^+-N和SOM之间呈极显著负相关（$P<0.01$），和AP之间呈显著正相关（$P<0.05$），土壤TN和SOM之间呈显著负相关（$P<0.05$），和AP之间呈极显著正相关（$P<0.01$），土壤SOM和AP之间呈显著负相关（$P<0.05$，图3.4）。

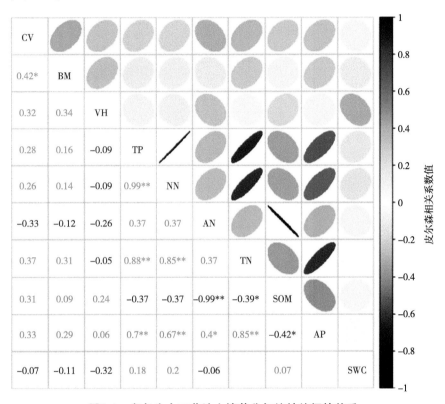

图3.4　多年生人工草地土壤养分与植被特征的关系

注：*和**表示在0.05和0.01水平下相关性显著。BM为生物量；VH为高度；CV为盖度；TP为全磷；NN为硝态氮；AN为铵态氮；TN为全氮；SOM为有机质；AP为有效磷；SWC为土壤含水量。

六、小结

本研究发现，种植方式显著影响了青海湖流域多年生人工草地的植被特征，而对土壤养分含量没有显著影响。在牧草生长旺季，相比青海草地早熟禾单播和青海中华羊茅单播，青海草地早熟禾+青海中华羊茅混播有更高的生物量。种植方式并不会对3种多年生人工草地建植翌年的SOM、TN、TP、NH_4^+-N、NO_3^--N、AP含量和SWC有显著影响，但要注意协调各氮磷要素间的均衡关系，以利于高寒人工草地产量的稳定性和高产性。

第三节　多年生人工草地混播技术及效应

依据群落稳定性理论、暂稳态理论、冗余结构理论和中度干扰理论对人工草地稳定性的维持原理，基于高寒人工草地土壤-植物界面过程分析，针对3龄人工草地群落特征和土壤状况，采用植被群落结构和土壤养分特征研究，筛选建植高寒人工草地的最佳混播组合，开展不同形态氮素添加单项技术对人工草地植被的影响研究，筛选最优的氮素形态及施肥量，构建多年生高寒人工草地暂稳态维持技术。

混播作为一种科学、精密的种植模式，是推动草地农业可持续发展的重要手段。相比于单播模式，混播可以充分发挥各草种的特性，能显著改善物种间的竞争关系，更加充分的利用环境资源，且能达到提质增效的作用（冯琴等，2022）。李思达等（2022）在海北州西海镇开展了多年生禾草混播试验，筛选出了以高产为目的的最佳混播组合。杨晓鹏等（2020）研究进一步表明，不同比例禾草混播能显著改善牧草的营养品质。当然，还有研究表明，混播能够改善群落结构和土壤环境（张小芳等，2020）。事实上，多年生禾本科牧草的混播方式和混播比例对植物群落结构和土壤养分具有显著影响。因此，混播组分的种间关系是制约草地资源利用效率的关键因素，科学得当的牧草品种搭配在一定程度上能够确保人工混播草地的高产和稳产（孙建财等，2022）。适宜混播组合的确定，应综合考虑主副饲草品种的种间相互关系以及形态学等特征（李兴龙等，2021）。研究表明，多年生上繁草、中繁草和下繁草合理搭配可以有效地调节群落结构和利用环境资源，能够使得草地群落长期维持较高的生产力和稳定性，是人工草地可持续利用的关键技术。董怡玲等（2022）通过TOPSIS综合模型，对混单播措施下极度退化草地植被和土壤碳氮恢复效果进行了评价，其结果也表明，混播比单播措施恢复效果好，但评价对象仅是单一的禾草混播组合，并不能作为高寒地区最适宜的禾草混播组合进行推广。本节以同德短芒披碱草、青海中华羊茅、青海草地早熟禾、青海冷地早熟禾、青海扁茎早熟禾5个多年生牧草为试验材料，以不同组合混播草地为研究对象，通过分析建植后第3年不同组合混播草地的植被群落结构和土壤理化特性，揭示混播方式对草地植被群落和土壤养分的影响，运用TOPSIS模型综合评价，筛选出环青海湖地区建植人工草地的最佳混播组合。

一、研究地点

研究地点位于青海湖体验牧场。

二、研究方法

试验于2019年5月上旬在青海湖体验牧场建立多年生人工草地，以广泛用于青藏高原退化草地修复治理的青海中华羊茅、青海草地早熟禾、青海扁茎早熟禾、青海冷地早熟禾和同德短芒披碱草为供试材料，草种均由青海大学畜牧兽医科学院提供。采用随机区组试验设计，以上中下繁草搭配为依据，设置6个不同组分混播处理，各混播处理及播种量见

表3.12，草种基况见表3.13，每个处理3个重复，共18个小区，小区面积为50 m×50 m，小区间隔10 m。底肥为尿素和磷酸二铵各75 kg/hm²，将草种均匀混合后以行距15 cm，播深3~5 cm进行机械条播。

表3.12　牧草混播处理

处理编号	混播比例	播量/（kg/hm²）				
		青海中华羊茅	青海草地早熟禾	青海扁茎早熟禾	青海冷地早熟禾	同德短芒披碱草
TZCL	1:1:1:1	7.5	3	0	3	11.25
TCL	4:3:3	0	3.75	0	3.75	18
CLZ	4:3:3	9	4.5	0	3.75	0
ZC	1:1	15	6	0	0	0
ZL	1:1	15	0	0	6	0
ZB	1:1	15	0	6	0	0

表3.13　草种生活型

牧草种类	根的类型
同德短芒披碱草	疏丛型上繁草
青海中华羊茅	疏丛型中繁草
青海草地早熟禾	根茎-疏丛型下繁草
青海冷地早熟禾	疏丛型下繁草
青海扁茎早熟禾	根茎-疏丛型下繁草

于混播草地建植后第3年的旺盛生长季（即2021年8月）在各试验小区进行土壤和植被样品的采集。设定大小为50 cm×50 cm的样方进行植被样品的采集。在每块样地内以对角线取样法设置5个采样点，用直径3.5 cm的土钻采集0~30 cm土层土壤，混匀后分为2份待测。设置50 cm×50 cm样方，齐地面刈割后分物种并称取鲜重，每个小区重复3次，由于条件限制，将其鲜草置于太阳下晾晒数天后称干草质量。植被盖度采用针刺法，在样方内每种植物随机选取5株用卷尺测定其自然高度，取其平均值。

土壤养分指标：土壤TN、TP、NH_4^+-N、NO_3^--N、AP、SOM采用全自动间断化学分析仪（Clever Chem 380）。采用烘干法测定SWC。

基于植物群落的物种数、高度、盖度、生物量等计算植物重要值、群落种属结构和群落多样性指数。

物种重要值：

$$P_i = \frac{RH+RC+RB}{3}$$

式中，RH为植物种的相对高度；RC为相对盖度；RB为相对生物量。

Shannon-Wiener指数:

$$H = -\sum p_i \ln P_i$$

Simpson指数:

$$D = 1 - \sum P_i^2$$

Pielou指数:

$$J = \frac{-\sum P_i \ln P_i}{\ln S}$$

式中,S为每个样方的物种总数;P_i为第i个物种的相对重要值。

采用SPSS 23.0对试验结果进行单因素方差分析,采用R语言(R 4.2.1)软件作图。利用TOPSIS模型建模进行综合评价。

三、不同组合混播草地植被盖度和地上生物量比较

6个混播处理植被盖度均高于88.5%,ZC处理植被盖度和生物量显著高于其他处理,分别为96.1%和5.42 t/hm²(图3.5)。ZC处理地上生物量分别较TZCL、TCL、CLZ、ZL、ZB处理提高了14.6%、33.8%、24.6%、108.5%、28.7%($P<0.05$)。

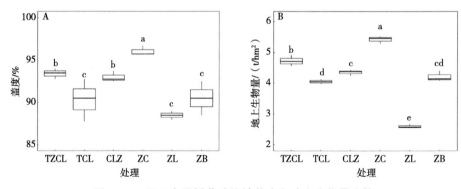

图3.5 不同组合混播草地植被盖度和地上生物量比较

四、不同组合混播草地生物多样性比较

不同物种混播草地的生物多样性差异较大($P<0.05$)。不同组合混播草地群落Shannon-Wiener指数和Simpson指数变化趋势基本一致(图3.6),TZCL处理的Shannon-Wiener指数和Simpson指数均高于其他处理,TZCL处理的Shannon-Wiener指数分别较TCL、CLZ、ZC、ZL、ZB处理高42.4%、27.2%、98.5%、92.6%、101.5%(图3.6A)。不同组合混播草地Pielou指数差异不显著($P>0.05$),ZL处理的Pielou指数最高,高于TCL处理19.3%。TZCL处理和CLZ处理的Simpson指数显著高于其他处理(图3.6C)。另外,从图3.6可以看出,ZC、ZL、ZB处理的Shannon-Wiener指数、Pielou指数、Simpson指数差异不显著($P>0.05$)。

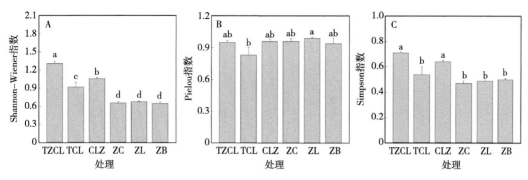

图3.6　不同组合混播草地生物多样性比较

五、不同组合混播草地土壤养分比较

不同组合混播草地土壤养分差异较大（$P<0.05$）。各处理相比较，CLZ处理SWC最高，为30.19%，较ZB处理差异显著（图3.7A）。TCL处理土壤TN和SOM含量最高，分别为3.1 g/kg和77.9 g/kg，土壤全氮含量分别较TZCL、CLZ、ZC、ZL、ZB处理高59.9%、35.6%、28.6%、44.7%、43.1%（图3.7B-C）。土壤NH_4^+-N和NO_3^--N含量变化趋势基本一致，ZC处理NH_4^+-N和NO_3^--N含量较高，分别为6.6 mg/kg和7.0 mg/kg，TCL处理NH_4^+-N和NO_3^--N含量最低，分别为5.0 mg/kg和4.2 mg/kg（图3.7D-E）。土壤TP和AP含量变化趋势一致，ZC处理土壤TP和AP含量最高，且显著高于其他处理，分别为0.5 g/kg和0.8 mg/kg（图3.7F，G）。TCL处理土壤碳氮比（C/N）显著低于其他处理（图3.7H）。

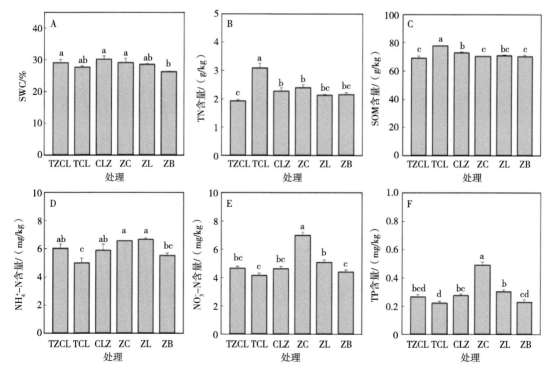

图3.7　不同组合混播草地土壤养分比较

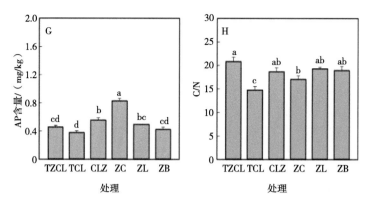

图3.7　不同组合混播草地土壤养分比较（续）

六、最佳混播组合筛选

本研究运用TOPSIS综合评价模型筛选最佳混播处理，以贴合度大小进行混播处理优劣比较。基于TOPSIS综合评价模型，以上述13个指标构建评价体系。由表3.14可知，处理TZCL、TCL、CLZ、ZC、ZL、ZB的贴合度分别为0.46、0.40、0.45、0.54、0.28、0.16，6个混播组合排序依次为ZC>TZCL>CLZ>TCL>ZL>ZB。因此，ZC处理为最佳混播组合。

表3.14　不同组合混播草地的关联度和排序

处理	最优距离	最劣距离	贴合度	排序
TZCL	0.21	0.17	0.46	2
TCL	0.23	0.15	0.40	4
CLZ	0.19	0.14	0.45	3
ZC	0.18	0.21	0.54	1
ZL	0.27	0.09	0.28	5
ZB	0.26	0.05	0.16	6

七、小结

不同组合混播草地建植后第3年，其群落结构和土壤养分差异较大。ZC（青海中华羊茅+青海草地早熟禾）混播组合盖度和地上生物量显著高于其他组合，为96.1%和5.42 t/hm²（$P<0.05$）；TZCL（青海同德短芒披碱草+青海中华羊茅+青海草地早熟禾+青海冷地早熟禾）混播组合物种多样性相对较高；土壤TN、SOM含量在TCL（青海同德短芒披碱草+青海草地早熟禾+青海冷地早熟禾）混播处理下最高，为3.1 g/kg和77.9 g/kg；土壤NH_4^+-N、NO_3^--N、AP和TP含量在ZC混播处理下相对较高。TOPSIS模型综合评价表明，ZC混播处理不仅可保持较高的生产力，还可显著提高土壤的养分含量，是环青海湖地区人工草地建植最理想的混播组合。

第四节　禾豆混播人工草地建植及青贮

人工草地建植是解决青藏高原地区冷季饲草料资源不足，实现饲草料全年均衡供给的重要措施。燕麦具有产量高、营养价值高、适口性好、消化率高等特点，是青海省农牧区栽培的优良饲草之一，同时也是青海省冬春枯草季节的主要饲草来源。通过将燕麦、小黑麦与箭筈豌豆进行混播，可以兼顾不同物种生态位、提高土地利用效率和牧草营养品质。

青贮是利用微生物的发酵作用，长期保存青绿饲料营养的一种简单、经济而可靠的方法，是保证为牲畜长年均衡供应粗饲料的有效措施。青藏高原牧区长期采用靠天养畜的落后放牧形式，冬春季牧草极缺，大力提高青贮牧草饲草资源利用率对畜牧业的发展具有重要意义。燕麦通过乳熟期刈割并青贮，CP含量可以保持在9.06%，显著高于自然风干的燕麦青干草CP含量。

一、研究地点

研究地点位于柴达木绿洲牧场。

二、研究方法

在2019年、2020年和2021年6月进行样地设置，在柴达木绿洲牧场内寻找地势平坦的土地进行禾本科单播、多年生豆科单播、禾豆混播试验。2019年种植人工草地150亩、2020年种植人工草地100亩、2021年种植人工草地90亩。并于每年生长季结束时对样地植物进行群落调查和土壤采样工作。每个样地随机选择10个样方，每个样方大小为50 cm × 50 cm。调查内容包括植株高度、株数/丛数、物种分盖度、总盖度；样方调查后齐地面刈割，测定地上生物量。

在2019年和2020年9月进行人工草地收获，采集小黑麦和箭筈豌豆生长19周的样品，适度晾晒后铡成2～5 cm的草段，添加6种青贮剂对小黑麦和箭筈豌豆进行聚乙烯袋的真空单独微贮试验，室温发酵90 d，打开真空包装，称取10.00 g加水浸提，测量pH值和氨氮含量。称取10.00 g测定含水量，其余在65℃烘干后，粉碎过40目筛，测定CP、NDF、ADF等含量，试验设计见表3.15。

表3.15　青贮剂对小黑麦和箭筈豌豆不同比例混贮的影响试验设计

处理	麦草种类	麦草：箭筈豌豆	青贮剂
HX	小黑麦	70：30	中科海星
QB	小黑麦	70：30	青宝2号
YX	小黑麦	70：30	亚芯

续表

处理	麦草种类	麦草：箭筈豌豆	青贮剂
XL	小黑麦	70：30	芯来旺
LB	小黑麦	70：30	乐贝丰
NF	小黑麦	70：30	农富康

三、牧草青贮

通过前期试验对青贮剂的筛选，最终选用商业菌剂——亚芯作为大规模青贮发酵菌剂。青贮牧草取样如图3.8所示。

图3.8　青贮牧草取样

从表3.16可以看出，青贮剂芯来旺能显著降低小黑麦与箭筈豌豆（70：30）混贮的pH值，青贮剂中科海星能最大程度地降低蛋白质和氨基酸的降解，青贮剂乐贝丰能显著降解纤维。而青贮剂亚芯不仅能将青贮的pH值降至3.95，而且能最大程度的保证蛋白含量，且NDF降解到50.91%，所以对于小黑麦与箭筈豌豆（70：30）混贮，6种青贮剂中最佳的青贮剂是亚芯。

表3.16　青贮剂对小黑麦与箭筈豌豆混贮的营养成分比较

处理	pH值	氨态氮占总氮比/%	干物质/%	CP/%	NDF/%	ADF/%
HX	4.24	11.48	40.44	9.53	51.99	34.87
QB	4.09	13.18	38.16	8.91	54.4	35.66
YX	3.95	13.82	39.87	9.82	50.91	34.17
XL	3.86	17.63	37.25	7.98	51.12	33.88

处理	pH值	氨态氮占总氮比/%	干物质/%	CP/%	NDF/%	ADF/%
LB	4.06	18.56	36.89	7.98	49	32.46
NF	4.16	13.68	37.48	8.23	52.98	34.28

四、高产人工草地建植

人工草地建植及长势如图3.9所示。

图3.9　人工草地建植及长势

通过样方调查数据显示，三年苜蓿平均株高在123.40 cm。然而当年种植的苜蓿平均株高不到50 cm。引进的西黑1号、西黑2号平均株高较低，分别为57.67 cm和77.61 cm。本地小黑麦长势较好，平均株高最高，达到161.27 cm（表3.17）。箭筈豌豆和燕麦混播种植草地株高也较高。青海蚕豆长势也较好。从牧草产量和营养品质的研究中也发现，燕麦+箭筈豌豆混播牧草鲜草产量最高，小黑麦+燕麦+箭筈豌豆次之，苜蓿+垂穗披碱草最低（表3.18）。苜蓿+垂穗披碱草虽然草产量相对较低，但牧草蛋白含量最高，纤维含量最低。

表3.17 牧草植物性状指标

牧草种类	株高/cm	盖度/%
金泰三年苜蓿	123.4 ± 48.66	73% ± 0.08
金泰西黑1号	57.67 ± 5.73	77% ± 0.13
金泰西黑2号	77.61 ± 7.88	50% ± 0.10
一年苜蓿	43.6 ± 5.66	75% ± 0.21
箭筈豌豆燕麦混播	114.93 ± 7.23	75% ± 0.15
小黑麦	161.27 ± 13.49	80% ± 0.05
青海蚕豆	109.43 ± 7.63	72% ± 0.10

表3.18 人工草地牧草产量和营养品质

牧草种类	鲜草产量/（kg/亩）	干草产量/（kg/亩）	水分/%	CP/%	粗脂肪/%	NDF/%	ADF/%
燕麦+箭筈豌豆	3 277	674	77.55	10.54	1.67	43.87	24.52
小黑麦+燕麦+箭筈豌豆	2 126	850.28	71	8.18	1.47	48.56	27.45
苜蓿+垂穗披碱草	1 251.56	414.72	67.17	13.47	1.56	36.48	27.13

五、小结

通过对牧草品种筛选和不同牧草搭配下种植模式优化的研究，表明乡土草种在高寒牧区的适应性更强，外来引进种需要进一步筛选培育。另外，不同牧草种植模式产量、品质等性状特征存在不一致性，故而，应该根据具体试验目的选取合适的牧草品种和种植模式。

基于任务一开展优良牧草青贮的研究，小黑麦与箭筈豌豆的最佳混贮比例是70∶30，从6种青贮剂中筛选出亚芯青贮剂效果最佳，亚芯青贮剂不仅能在较短的时间内使得青贮牧草pH值降低到4以下，且氨态氮/总氮的含量相对较低，说明这种青贮剂在发酵过程中对于牧草氨基酸和蛋白质的降解比较低，这也是为什么亚芯青贮剂发酵下青贮饲料能够保持最高的CP水平，蛋白含量达到9.82%的原因。同时采用亚芯青贮剂还能够较好的降解牧草中纤维素的含量，改善青贮饲料的适口性。

第五节　新型草产品加工

在收获制作青贮饲草时，将处于灌浆至乳熟期间的饲草进行收割，此时饲草水分含量为60%～65%。使用新型收割粉碎设备在田间进行收割、粉碎之后立即安排人员车辆将鲜草运至青贮窖进行装窖、喷洒菌剂、压实等工序，根据实施方案安排，保证鲜草尽快完成前期处理工作，最后进行封窖处理。

为了改善饲草适口性和提高饲草饲喂效果，通过公司草产品生产线，采用饲料固型化的现代饲草料加工技术生产工艺，将饲草加工成颗粒状。添加微量氯化钠、碳酸氢钙、尿素等辅料，提高饲草料饲用价值。

一、研究地点

草产品加工示范基地位于青海现代草业发展有限公司草产品加工基地（青海省海南州贵南县茫曲镇）。

二、研究方法

1. 草颗粒加工

草颗粒按干燥方法的不同可分为脱水草颗粒和常规草颗粒两种。脱水草颗粒的加工工艺要求刈割牧草在田间的堆放时间很短，尽量减少气候的影响，防止牧草的营养成分被破坏和养分损失。青绿的牧草切碎并运至加工厂进行人工干燥，温度为110～120℃。快速加热和干燥，尽可能地保留植物的营养物质，减少蛋白质的溶解度。加热过程可以使60%的蛋白质转变为过瘤胃蛋白，使得牧草中所含的蛋白质更有效的消化利用，从而提高反刍动物的生产性能。干燥后的草段被粉碎成草粉，其大小随草颗粒的直径不同而略有差别。常规草颗粒所用的牧草在田间自然干燥，然后运到加工厂干燥处理，干燥温度低于脱水草颗粒所用温度。常规草颗粒含有的过瘤胃蛋白要比脱水草颗粒低。这样的常规草颗粒更适合对过瘤胃蛋白要求不高的动物。

2. 草块加工

草块按牧草草段干燥方法的不同也分为脱水草块和常规草块两种。利用和草颗粒同样的生产工艺，进行常规草块的生产。牧草在田间晾晒至含水量为15%～20%，然后制成草捆，在盆式粉碎机中粉碎。为了保证草段的长度，粉碎的草段必须过筛（孔径大于35 mm），在干燥机中干燥，温度低于脱水草块所用温度。在许多干燥地区，人工干燥这一工序是不必要的，用自然条件晾晒就可达到所需含水量。早晨进行干草的搬运与粉碎，其原因是早晨牧草上有露珠，牧草运到加工厂后立即加工，压制草块，这样加工时能够减少碎屑损失和叶片的丢失。

备好的草段在混合机中混合，加一定量的水作为润滑剂。添加水量使草段的含水量增加2%。同时水分可以使叶片和茎秆的果胶分解为胶质。在压制草块时，参考青藏高原地区育肥牦牛、藏羊饲料配方相关技术规程，按照精饲料、粗饲草梯度配比，较低的农副产品下脚料青稞粉、菜籽粕，以及微量物质氯化钠、碳酸氢钙等加工营养型草块饲料。混合好的草段在压轮机的作用下通过模孔，同时产生大量的热量。压力、热量以及牧草本身含有的自然胶的黏合作用，三者相互作用形成草块。刚挤压形成的草块温度较高，具有牧草的胡香味，需要通过传送带运至冷却器冷却。

三、草颗粒及草块加工

草颗粒通常为圆柱形，直径为4.8～19.1 mm，长度为12.7～25.4 mm，单位密度为960～1 120 kg/m³。草块一般为长方形，由含水量为8%～10%的草段挤压而成。草块的横截面边长为12.7～38.1 mm，长度为25～100 mm，密度为640～840 kg/m³。草块与草颗粒相比较，它所含的草段长，颗粒块更大。草颗粒和草块作为饲喂牛羊的产品，主要差异在于产品的固态形状不同。经试验开发配方1个，组成成分为混播牧草80%、青稞10%、菜籽粕8%、矿物微量元素1%、其他物质1%（图3.10）。

图3.10　优质饲草生产及草产品加工

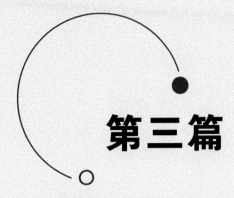

第三篇

家畜养殖与畜产品精深加工

第四章	牦牛绿色健康养殖技术

第一节　牦牛犊牛早期断乳技术

断乳是犊牛饲养管理过程中的一个重要环节，适时断乳是保证犊牛正常发育和母牛正常发情配种且维持较高再生产能力的需要。由于犊牛的消化特点和成牛有显著不同，提早补饲固态饲料能够促进犊牛瘤胃发育，提高营养摄入量和抵抗力，降低死亡率（杨莉萍，2013）。此外，犊牛的持续哺乳容易使母牛产后乏情，降低繁殖率（张君等，2012）。传统牦牛放牧管理，犊牛断乳采取自然断乳或晚期（1～1.5岁）断乳的管理措施。自然断乳方式指犊牛出生后一直吮吸母乳，期间逐步开始独立采食，直到母牛再生产前，犊牛和母牛逐渐分离。由于经历漫长的冷季枯草期，放牧母牦牛难以获取充足的饲草营养，导致产乳量非常低，加之吮乳犊牛的持续吮乳，不仅加重了泌乳母牦牛的体况损失，影响其正常生长和繁殖，而且也导致牦牛犊牛靠吮乳不能获得足够的营养（刘培培等，2016）。研究发现牦牛犊牛早期断乳（3～4月龄）不仅能够刺激母牦牛发情，而且断乳犊牛能够迅速适应断乳开食料，促进生长（Liu et al.，2018）。

一、研究地点

研究地点位于三江源有机牧场。

二、研究方法

试验于2019年10月15日至12月30日开展，为期75 d，其中预试期15 d，正式试验期60 d。本试验采取随机分组的设计，选取24头6～7月龄、遗传背景一致的泌乳牦牛犊牛，试验开始后断乳，随机分成4组，每组6头。在基础日粮的基础上根据干物质采食量补充不同水平的黄芪粉浸提液（ARE）：0（ARE_0）、20 mL/kg（ARE_2）、50 mL/kg（ARE_5）和80 mL/kg（ARE_8）。犊牛日粮精粗比为7∶3，粗饲料为粉碎燕麦青干草，试验期间犊牛自由饮水。在试验过程中，12月13日，对照组有1头牦牛犊牛由于生病腹泻死亡，故舍去最后两次采样的数据。

·54·

燕麦干草由青海省海北高寒现代生态牧业技术示范园提供，牦牛精料补充料购买于青海门源永兴生态农牧业发展有限公司，其组成包括玉米、麸皮、大豆粕、菜籽粕、玉米蛋白粉、氯化钠、植物油、碳酸钙、多种氨基酸添加剂及复合预混料等。基础日粮的营养成分水平见表4.1。

表4.1　黄芪干燥根的营养成分和基础日粮的组成及其营养成分

项目	燕麦干草	精料	ARE
黄芪多糖/（g/L）	—	—	9.05
皂苷/（mg/L）	—	—	46.67
黄酮/（mg/L）	—	—	6.67
CP/%（DM）	8.14	23.9	—
NDF/%（DM）	55.6	7.82	—
ADF/%（DM）	36.9	4.61	—
粗脂肪/%（DM）	—	3.20	—
钙/%（DM）	—	0.85	—
磷/%（DM）	—	0.57	—

注：ARE中含浸提物干重含量为42.4 mg/mL。精料为颗粒料，主要成分为玉米、麸皮、大豆粕、菜籽粕、玉米蛋白粉、植物油、氯化钠、碳酸钙、多种氨基酸和复合预混料。DM表示干物质含量。

黄芪购自甘肃省陇西县中药材交易市场。将黄芪干燥根粉碎过1 mm筛。制备黄芪提取液时，将黄芪根粉与清水按质量比1∶10（粉末∶水）放入水中，100℃煮沸1 h，过滤获取第一次浸提液，将过滤后的残渣与清水以1∶5（提取物∶水）再次混合煮沸30 min，过滤获取第二次浸提液，将第一次和第二次获取的ARE作为黄芪根水提物用于本试验饲喂。浸提液经旋转蒸发仪在50℃干燥12 h后计算得到浸提液中黄芪粉水提物干重为42.4 mg/mL，干燥黄芪粉中含量为2.83 mg/kg。将浸提液采用紫外分光光度法测定黄芪多糖、黄酮、皂苷含量（表4.1）。

在试验之前，进行饲养圈舍的彻底打扫、消毒、清洗料槽。牦牛在通风条件下单独圈养（2 m×4 m）。正饲期开始前15 d作为预饲期，预饲期对牦牛进行健康状况的观察以及采食量的记录，之后是60 d正饲期。在正饲期以牦牛在预饲期的采食量为基础，分别于每天07:00和18:00两次喂料，自由饲喂，称量饲喂量，在第2天晨饲前收集剩料并记录剩料量。将黄芪水提物溶于水，于每天中午12:00用桶让牦牛饮食，并确保完全饮用。每周对圈舍进行彻底打扫和消毒。

每周对燕麦干草和精料取样，并留存黄芪根水提物，试验结束后分析测定营养成分（表4.1）。日粮干物质含量采用烘干法进行测定，在105℃条件下烘1.5～2 h直至恒重（Chen et al.，2006）；粗灰分测定参照《饲料分析及饲料检测技术》（第三版）；

CP采用凯氏定氮仪（JK-9830，中国）进行测定；NDF和ADF采用ANKOM 2000i全自动纤维分析仪测定并参照Van Soest等（1991）的方法进行测定。

在试验正饲期第15天、第30天、第45天和第60天晨饲前使用胃管采集每头犊牛瘤胃液，丢弃最初的30 mL（以避免唾液污染），收集剩余的100 mL瘤胃液，立即进行pH值的测定（雷磁PHS-29A），再经4层纱布过滤，储存于10 mL离心管中，在−80℃冷冻，用于后期分析挥发性脂肪酸（VFA）的测定。具体方法为瘤胃液于4℃冰箱解冻，漩涡混匀，取上清液于10 mL离心管中进行离心（2 000 r/min，10 min），取上清液1 mL置于1.5 mL离心管中，加入0.2 mL去蛋白溶液，混匀，冰水浴中静置30 min，4℃下离心（10 000 r/min，10 min），冰水浴储藏待用。使用微量进样器进样，气象色谱仪（AP-3201A）对瘤胃VFA进行分离测定。瘤胃液氨态氮的测定为取瘤胃液4 mL放入4℃冰箱中解冻，加入0.3 mL65%（质量浓度）的三氯乙酸，摇匀，之后将样品放置在冰盒里30 min，随后将样品在4℃、28 000 r/min的条件下离心15 min，取上清液用U-2900分光光度计在630 nm波长下测定氨态氮浓度。

在试验正饲期第1天、第15天、第30天、第45天和第60天晨饲前对各个犊牛进行体重的测量，并相应做好记录进行平均日增重（ADG）的计算。根据犊牛预饲期的采食量，计算其平均干物质采食量（DMI）和饲料转化率（ADG：DMI）。

分别于试验第15天、第30天、第45天和第60天晨饲前采集颈静脉血样，采集后立即以3 000 r/min离心15 min，取上清液保存于1.5 mL离心管中，−80℃保存作进一步分析。采用半自动生化分析仪（北京，松上，A6型）测定血清游离脂肪酸（FFA）、总抗氧化能力（T-AOC）、超氧化物歧化酶（SOD）、免疫球蛋白A（IgA）、免疫球蛋白G（IgG）、免疫球蛋白M（IgM）、胰岛素（INS）、肿瘤坏死因子（TNF-α）、白细胞介素2（IL-2）和白细胞介素6（IL-6）使用ELISA试剂盒测定。

三、新生犊牛营养与管理

犊牛是指3～6月龄以乳汁为主要营养来源的初生小牛，新生犊牛以液体食物（乳或代乳品）为主，其食道沟是闭合的，食物可以避开网胃和瘤胃进入真胃。其消化功能与成年牛的反刍消化功能不同，因为小牛瘤胃还未发育完全，主要靠真胃进行消化。当在断乳过程中，逐渐饲喂小牛饲料后，食道的功能逐渐退化，瘤胃不断生长并逐渐建立起完整的微生物群落，进而具备了消化纤维性饲料的能力。在牛养殖业中犊牛的营养对确保犊牛的成活和健康是非常关键的。犊牛出生后抵抗力低，对外界环境不能马上适应，容易感染不同疾病。为了确保犊牛的健康生长，为犊牛提供洁净的环境，并提供适宜的饲料和营养是非常必要的。

犊牛出生几小时内血液中免疫球蛋白的水平决定新生犊牛的免疫状态和抗病能力，而免疫球蛋白主要来源于母乳。母乳中含有大量免疫因子和生长因子，如乳铁蛋白、免疫球蛋白、溶菌酶、类胰岛素生长因子等，具有免疫调节、改善胃肠道、促进生长发育、抑制多种病菌等功能。而且母乳中含有犊牛成长所需的营养物质，对提高犊牛的成活率有着重要的意义。初乳颜色黄，黏稠，干物质含量高，初乳含有丰富的矿物质和维生素，还含有较多的镁盐，有轻泻作用，有利于胎粪的排出；并且酸度较高，可刺激消化液的分泌和抑制有害细菌繁殖。要使新生犊牛具备较高的免疫能力，需要在犊牛出生后0.5～2 h内给予初乳，并且要做到定时、定量的饲喂。初乳成分是逐日变化的，随着犊牛日龄的增长，犊牛对初乳中营养成分的吸收也会降低，因此及时充分地利用初乳饲喂犊牛是非常重要的。在母牛初乳不足的情况下，可以给犊牛灌喂其他母牛的初乳，或者在牛乳中添加酵母培养物提高哺乳期犊牛生长发育与机体免疫力。研究发现，对2～3周龄牦牛犊牛哺乳牛乳中添加适量的2-甲基丁酸能够提高小肠黏膜生长激素受体含量和钠-葡萄糖共转运载体mRNA的表达以及小肠消化酶活性。

四、犊牛断乳

传统饲养模式下，犊牛的断乳采取自然断乳方式，犊牛逐步开始独立采食，并且到母牛再生产前，犊牛和母牛逐渐分离。断乳是犊牛饲养管理过程中的一个重要环节，适时断乳是保证犊牛正常发育和母牛正常发情配种且维持较高再生产能力的需要。犊牛生长过程中，瘤胃在消化道容积中所占的比例将从出生时的30%增加到70%，采食开食料后，瘤胃逐渐发育成熟，并建立瘤胃微生物区系。断乳应在犊牛生长良好，并至少摄入相当于其体重1%的犊牛料时进行，较小或体弱的犊牛应延迟断乳。由于犊牛的消化特点和成牛有显著不同，提早补饲固态饲料能够促进犊牛瘤胃发育，提高营养摄入量和抵抗力，降低死亡率。此外，犊牛的持续哺乳容易使母牛产后乏情，降低繁殖率。此外，放牧条件下犊牛早期断乳不仅可以提高牧草采食能力，而且可以降低母牛营养消耗，是值得推广的技术措施。

早期断乳虽然有诸多益处，但断乳会使犊牛和母牛产生应激反应。应激反应是动物由于适应环境的变化而受到强烈的刺激后出现的神经内分泌反应，并由此引发各种行为以及内分泌的变化。犊牛早期断乳产生的应激反应主要是由于母牛与犊牛的社会关系解体和新环境所带来的压力，其行为在短期内会出现异常。早期断乳犊牛所表现的应激行为包括采食、躺卧和嬉戏时间减少，发声、行走时间增加。

五、犊牛饲料与营养

新生犊牛由于瘤胃发育不完善，所以不能消化植物蛋白，必须饲喂其初乳或者牛乳来代替。这个阶段的犊牛不能消化淀粉和一些糖类物质，如蔗糖，因为消化酶还未生成；也不能消化不饱和脂肪酸，如玉米油和大豆油，但却可以利用和消化饱和脂肪酸，如牛乳中的脂肪、猪油以及牛脂。对于新生犊牛，可以简单地利用乳糖（初乳中的乳糖），在犊牛出生2周的时候，犊牛的新陈代谢加快，具有了消化淀粉的能力。接着其开始具有消化复杂的碳水化合物的能力。维生素也是犊牛发育的关键营养元素，包括初乳以及牛乳中的水溶性的B族维生素（B_1、B_2、B_{12}等），以及脂溶性维生素A、维生素D和维生素E。还可以通过给犊牛晒太阳补充维生素D，并补充矿物质元素，如补饲硒提高机体免疫能力。

随着犊牛瘤胃功能的逐渐完善，犊牛断乳前的补饲料选择非常重要，影响犊牛瘤胃的后期发育，并影响犊牛瘤胃微生物和消化酶的成分。犊牛断乳后，需要减少液体食物供应量，逐步加入固态饲料。犊牛断乳的前提条件是其瘤胃功能发育基本成熟，能够满足犊牛日常营养需求。固态饲料能够刺激犊牛瘤胃发育，加快饲料养分的吸收。在犊牛瘤胃发育期间应饲喂高淀粉饲料，并选择适口性好的饲料（谷物类混合饲料）以促进犊牛瘤胃发育，保证其顺利度过断乳期。

研究表明，从1周龄开始可以训练犊牛采食优质柔软的青干草和青贮饲料，但青贮饲料饲喂量不宜超过青干草的50%（以干物质计），逐渐增加饲喂量，增加瘤胃挥发性脂肪酸的浓度，刺激瘤胃乳头发育，到犊牛断乳时，青贮饲喂量可到1.5～2.0 kg/d。提高犊牛的早期增重量的同时可以显著提高其日后生长发育水平。犊牛食入植物性饲料会在一定程度上促进肌肉、骨骼等组织的生长。在专门用于小牛肉生产的1～181日龄的乳用公犊牛日粮中添加颗粒料，可保持犊牛同等的生长性能和屠宰性能，促进犊牛复胃的发育，并降低腹泻率。试验证明在饲喂开食料的基础上补饲苜蓿干草对犊牛胃肠道发育有促进作用。

六、犊牛疾病防控与治疗

犊牛在刚出生不久后的抵抗能力较弱，比较容易患病。乳变质、环境温度改变、声音刺激、断乳等因素都易给其带来应激反应，引发呼吸道疾病、腹泻、生长停滞等。一般情况下犊牛死亡率的高峰期出现在出生后的1～3周，4周龄以后其免疫能力才逐渐增强。在实际的生产中，犊牛的免疫力低是犊牛早期断乳后切断了从母牛获得被动免疫的来源，如果管理不善，经常会引起腹泻等疾病，造成犊牛高的发病率和死亡率。

1. 腹泻

犊牛的腹泻原因包括非感染因素（管理因素和营养因素）和感染因素（细菌、病毒、原虫感染等），刚出生的犊牛自身没有免疫因子，如果不能立即吮吸足够的初乳，会降低其从母体获得的免疫球蛋白量，从而增加其患病风险。此外，如果犊牛处于饥饿或半饥饿状态，常常会舔舐异物导致消化道黏膜破损，而被病菌感染。导致犊牛腹泻的病原菌主要包括大肠杆菌、螺旋状病毒和冠状病毒等。从犊牛发病和死亡情况看约70%以上发生在出生后的第一周，这也是犊牛管理的关键时期。所以犊牛出生后1周内应悉心照料，提供干净的圈舍环境，避免环境温度骤变，确保水质水温合适等。如果犊牛发生腹泻，可在其饮水中添加蒙脱石等吸附剂通过吸附致病菌降低感染率。腹泻容易造成犊牛脱水，通过饲喂自制或者化学电解质溶液进行缓解，并在腹泻后24～48 h避免饲喂牛乳，因为牛乳有助于致病菌的生长。饲料是消化道最直接的接触物，直接影响着犊牛的健康问题。研究发现颗粒料在犊牛瘤胃中通过瘤胃发酵会产生较多的挥发性脂肪酸，刺激犊牛复胃的发育，提高营养物质消化率，降低消化不良现象的发生，从而减少了营养性腹泻的发生率和频率。在犊牛护理过程中应着重改善饲养管理，加强护理，排除病因，兴奋胃肠道蠕动，促进食欲的恢复，从而增强机体神经体液调节机能。

在日常生产中预防犊牛腹泻脱水，主要是通过加强犊牛的饲养管理，严格消毒等措施进行预防。且要确保出生犊牛获取足够的初乳，并在助产时要进行严格消毒。出生后可定期注射本地流行性病毒疫苗。在犊牛护理过程中应着重改善饲养管理，加强护理，排除病因，兴奋胃肠道蠕动，促进食欲的恢复，从而增强机体神经体液调节机能。

2. 球虫病

球虫病是由单细胞的原生生物经过消化道进入细胞内引起的寄生虫病，一旦感染极容易在身体的其他地方蔓延。球虫病易引起腹泻、脱水甚至死亡。寄生在牛体内的球虫主要是致病力最强的邱氏艾美耳球虫和牛斯氏艾美耳球虫。艾美耳球虫主要寄生在牛直肠、小肠、盲肠和结肠黏膜上皮细胞内。犊牛可通过采食被污染的饲草饲料或饮水感染球虫，症状为长期下痢，消瘦，贫血，最后死亡。消化道寄生虫和消化道疾病会引发或加重球虫的感染，定期驱杀消化道寄生虫和预防消化道疾病可减少球虫的感染。

3. 呼吸道疾病

犊牛通常在6~8周龄极易感染呼吸道疾病，该病与高的饲养密度以及牛舍通风不良有关。呼吸道疾病，例如肺炎，在冬季和早春容易发生并加重。自然界的细菌和病毒在犊牛呼吸道疾病的病因方面起着重要的媒介作用。由此引起的感染形式主要有两种，一种形式是病毒侵害呼吸道和肺实质，导致细菌侵染肺部；另一种形式是病毒干扰机体免疫，减少对细菌的抵抗能力。在寒冷的天气里犊牛的死亡率增大主要是因为低温下犊牛需要的维持能量增多，从初乳中获得的能量不足以维持身体的需要。

4. 疾病的预防

首先，要加强母牛营养，因为母牛能量、蛋白质、硒和维生素A的获取是初乳营养的保证，其中维生素A是初乳免疫球蛋白生成的催化剂。其次，做好初乳的饲喂并保证母乳的卫生，保证犊牛在初乳中所获得的营养。然后要对环境进行控制，保证产圈的干燥、卫生，日照充足，要建立消毒制度并坚持下去，可以用2%~3%氢氧化溶液对圈舍、用具和集中区进行消毒。加强管理，对粪便、垫草、饲喂工具进行严格的处理，特别是在疾病的高发时期，及时更换饮水，保持饮水的干净卫生，保持圈舍通风干燥。此外，需要加强免疫措施，在犊牛适应的年龄接种适宜的免疫疫苗，持续感染疾病的犊牛应作隔离、淘汰处理。疫苗对犊牛的疾病以及其后期的生长发育至关重要，包括疫苗的选择、注射时间。所有的犊牛要在4~8月龄时注射疫苗预防布鲁氏菌病。在6~8月龄时注射疫苗预防感染性鼻气管炎、副流感病毒、牛腹泻病毒以及牛呼吸道病毒。并且要根据犊牛的所在地不同，注射相关疫苗预防当地的易发病。

七、黄芪水提物对牦牛犊牛生长和瘤胃发酵的影响

牦牛犊牛在试验期60 d后，黄芪水提物添加组的犊牛体重显著高于对照组（$P<0.05$）（表4.2），且ARE_8显著高于ARE_2和ARE_5组（$P<0.05$），而ARE_2和ARE_5组的差异却不显著（$P>0.05$）。随着ARE的添加，牦牛犊牛的干物质采食量有降低趋势，且ARE_5显著低于ARE_0组（$P<0.05$），而ARE_0、ARE_2和ARE_8组的干物质采食量差异不显著（$P>0.05$）。随着ARE的添加饲料转化率显著降低（$P<0.05$），且ARE_8组显著低于ARE_2组（$P<0.05$），而ARE_5组和ARE_8组差异不显著（$P>0.05$）。

表4.2　黄芪根水提物对牦牛犊牛体重、干物质采食量、平均日增重和饲料转化率的影响

项目	ARE_0	ARE_2	ARE_5	ARE_8	SEM	L	Q
初体重/kg	69.67	71.67	70.33	70.50	7.56	0.462	0.761
末体重/kg	80.4[c]	85.7[b]	86.4[b]	91.0[a]	3.46	0.029	0.482
干物质采食量/（kg/d）	2.31[a]	2.00[ab]	1.78[b]	2.05[ab]	0.37	0.041	0.367
平均日增重/（g/d）	157[c]	251[b]	259[b]	343[a]	4.18	0.019	0.029
饲料转化率/%	14.71[a]	7.97[b]	6.87[bc]	5.98[c]	1.23	0.021	0.042

注：同行上标不同小写字母表示差异显著（$P<0.05$）。L为黄芪根部提取物剂量的一次线性效应；Q为黄芪根部提取物剂量的二次效应，下同。

各个处理组之间牦牛犊牛瘤胃液pH值无显著差异（$P>0.05$）（表4.3），ARE_8组在第15天、第30天、第45天瘤胃乙酸和丙酸浓度均高于其他3个处理组（$P<0.05$）。ARE_0、ARE_2、ARE_5的瘤胃乙酸浓度在第60天显著高于第15天（$P<0.05$）；而ARE_2犊牛的瘤胃丙酸浓度在第60天显著高于第15天、第30天和第45天（$P<0.05$）。ARE_2和ARE_5组的瘤胃丁酸浓度在第30天显著高于ARE_0组（$P<0.05$），而ARE_2和ARE_5犊牛的瘤胃丁酸浓度在第15~60天高于ARE_0组（$P<0.05$）。ARE_8组瘤胃总挥发性脂肪酸浓度在第30天显著高于其他各组（$P<0.05$），而ARE_0、ARE_2和ARE_8组在第15~60天显著升高（$P<0.05$）。在ARE_2犊牛瘤胃液中，第45天乙酸：丙酸的比例高于第30天和第60天（$P<0.05$），但在其他处理中无显著差异（$P<0.05$）。

表4.3　不同水平黄芪水提物对牦牛犊牛瘤胃液pH值、挥发性脂肪酸的影响

项目	时间/d	ARE_0	ARE_2	ARE_5	ARE_8	SEM	L	Q
pH值	15	6.63	6.43	6.50	6.57			
	30	6.83	6.73	6.90	6.58	0.03	0.127	0.834
	45	6.60	6.63	6.60	6.47			
	60	6.70	6.87	6.60	6.83			
乙酸/（mmol/L）	15	15.1[bB]	17.7[bB]	15.0[bB]	28.9[A]			
	30	18.3[abB]	20.4[bB]	20.6[abB]	30.9[A]	1.12	<0.001	0.001
	45	21.7[abB]	19.4[bB]	24.4[abB]	34.7[A]			
	60	25.9[a]	26.2[a]	26.1[a]	32.1			
丙酸/（mmol/L）	15	4.86[B]	4.27[bB]	3.83[B]	8.23[A]			
	30	4.07[B]	4.90[bB]	4.85[B]	7.65[A]	0.26	<0.001	<0.001
	45	4.42[B]	4.68[bB]	5.61[AB]	8.25[A]			
	60	6.23	7.12[a]	6.12	7.45			

项目	时间/d	ARE$_0$	ARE$_2$	ARE$_5$	ARE$_8$	SEM	L	Q
丁酸/（mmol/L）	15	2.77	2.35^b	2.09^b	3.81	0.18	0.034	0.509
	30	2.43^B	3.91^{aA}	3.21^{abA}	2.90^{AB}			
	45	2.52	3.51^a	3.34^{ab}	4.01			
	60	3.68	3.56^a	4.20^a	3.11			
总挥发性脂肪酸/（mmol/L）	15	23.8^{bAB}	22.6^{bAB}	30.9^A	18.7^{bB}	2.01	0.043	0.805
	30	35.8^{aB}	30.8^{abB}	45.8^A	27.6^{abB}			
	45	28.2^b	34.2^{ab}	33.9	31.9^a			
	60	42.6^a	39.2^a	32.9	39.4^a			
乙酸/丙酸	15	3.93	4.20^{ab}	4.03	4.38	2.01	0.043	0.805
	30	4.05	3.97^b	4.22	4.43			
	45	3.98	4.41^a	4.56	4.11			
	60	4.25	4.05^b	4.31	4.21			

注：同列数据上标不同小写字母表示差异显著（$P<0.05$）；同行数据上标不同大写字母表示差异显著（$P<0.05$）。

八、黄芪水提物对牦牛犊牛血液生理生化指标的影响

在试验的第15～60天，黄芪添加量显著增加了ARE$_8$组牦牛犊牛血液T-AOC的含量（$P<0.05$）（表4.4）。在第15天，ARE$_8$组显著高于其他三个处理组（$P<0.05$）。在第60天，ARE$_2$，ARE$_5$，和ARE$_8$处理组显著高于ARE$_0$组。在第45天和第60天，ARE$_2$、ARE$_5$组和ARE$_8$组牦牛犊牛血清SOD浓度高于ARE$_0$组（$P<0.05$）。所有牦牛犊牛血液T-AOC、SOD浓度随饲喂时间的延长而增加，饲养时间与黄芪添加呈现显著交互作用（$P<0.05$）。ARE$_0$和ARE$_2$组牦牛犊牛血清FFA浓度在试验第15～60天内显著升高（$P<0.05$），而ARE$_5$和ARE$_8$组间无显著差异（$P>0.05$）。在试验第45天和第60天，ARE$_0$和ARE$_2$组牦牛犊牛血液FFA浓度显著高于ARE$_5$和ARE$_8$组（$P<0.05$）。ARE$_8$组的INS浓度在第15天和第30天显著高于其他3组，而ARE$_0$、ARE$_5$和ARE$_8$组在第60天显著高于ARE$_2$组（$P<0.05$）。ARE$_0$组、ARE$_2$组和ARE$_5$组的INS浓度在第15～60天显著升高（$P<0.05$）。

表4.4　不同水平黄芪水提物饲喂对牦牛犊牛血清生理生化指标的影响

项目	时间/d	ARE$_0$	ARE$_2$	ARE$_5$	ARE$_8$	SEM	L	Q
T-AOC/（U/mL）	15	5.76^{cC}	6.18^{bBC}	6.81^{bB}	7.97^{bA}	0.37	0.180	0.312
	30	7.12^{bB}	6.24^{bC}	8.90^{aA}	6.97^{cB}			
	45	7.52^{bB}	9.50^{aA}	6.95^{aB}	7.42^{bB}			
	60	8.54^{aB}	9.56^{aA}	9.49^{aA}	9.33^{aA}			

续表

项目	时间/d	ARE$_0$	ARE$_2$	ARE$_5$	ARE$_8$	SEM	L	Q
SOD/（U/mL）	15	85.2^b	83.7^b	81.6^c	83.3^c	3.04	0.321	0.317
	30	86.2^b	83.3^b	83.1^c	83.0^c			
	45	76.7^{cC}	104.2^{aA}	99.9^{bA}	92.7^{bB}			
	60	101.9^{aC}	101.8^{aC}	105.9^{aB}	109.7^{aA}			
FFA/（mmol/L）	15	0.41^c	0.43^c	0.45	0.45	0.05	0.131	0.337
	30	0.45^b	0.48^b	0.45	0.48			
	45	0.52^{aA}	0.50^{abA}	0.46^B	0.47^B			
	60	0.54^{aA}	0.53^{aA}	0.48^B	0.48^B			
INS/（μIU/mL）	15	12.9^{cB}	12.3^{cB}	14.0^{cB}	16.5^{cA}	6.70	0.917	0.473
	30	14.9^{bBC}	12.5^{cC}	16.7^{bcB}	21.1^{aA}			
	45	16.3^{bAB}	14.4^{bB}	17.7^{abA}	15.8^{cAB}			
	60	21.1^{aA}	17.4^{aC}	20.2^{aAB}	19.7^{abB}			

ARE$_2$、ARE$_5$和ARE$_8$组牦牛犊牛血清IgA、IgG和IgM的浓度在第15～60天试验期内显著升高（$P<0.05$）（表4.5）。在试验第60天，ARE$_8$组血清IgA的浓度显著高于其他3个处理组（$P<0.05$），ARE$_0$组的血清免IgG浓度在试验第30天、第45天和第60天显著低于其他3个处理组，且在试验期第60天ARE$_0$组血清IgM浓度显著低于其他3组（$P<0.05$）。总体来说，血清TNF-α、IL-2和IL-6在试验期第15～60天内有下降趋势。在第60天，ARE$_5$组牦牛犊牛血清的TNF-α浓度显著高于ARE$_0$组。在试验期的第15天、第30天、第45天和第60天，ARE$_8$组IL-6浓度显著高于ARE$_0$组。

表4.5　不同水平黄芪水提物饲喂对牦牛犊牛血清免疫指标的影响

项目	时间/d	ARE$_0$	ARE$_2$	ARE$_5$	ARE$_8$	SEM	L	Q
IgA/（g/L）	15	0.64^{bA}	0.60^{bA}	0.56^{bAB}	0.51^{cB}	0.025	0.042	0.419
	30	0.60^{bB}	0.64^{bAB}	0.72^{aA}	0.60^{bB}			
	45	0.67^{bB}	0.66^{bB}	0.73^{aA}	0.66^{bB}			
	60	0.72^{aB}	0.74^{aB}	0.76^{aB}	0.85^{aA}			
IgG/（g/L）	15	8.62	8.98^b	8.58^b	8.62^c	1.402	<0.001	0.038
	30	8.89^B	11.56^{aA}	11.77^{aA}	11.62^{bA}			
	45	9.02^B	11.46^{aA}	12.36^{aA}	12.48^{abA}			
	60	9.27^C	11.59^{aB}	12.56^{aAB}	13.45^{aA}			

续表

项目	时间/d	ARE_0	ARE_2	ARE_5	ARE_8	SEM	L	Q
IgM/（g/L）	15	2.32[A]	2.24[bAB]	2.08[bAB]	1.97[bB]	0.941	0.187	0.002
	30	2.24	2.93[a]	2.87[ab]	2.84[a]			
	45	2.24	2.39[b]	3.02[a]	2.25[ab]			
	60	2.35[B]	2.98[aA]	2.81[aA]	2.74[aA]			
TNF-α/（pg/mL）	15	272[a]	327[a]	303	332[a]	12.07	0.003	0.011
	30	299[aA]	231[bB]	301[A]	341[aA]			
	45	301[a]	274[ab]	286	299[b]			
	60	206[bBC]	151[cC]	291[A]	272[cAB]			
IL-2/（pg/mL）	15	154[a]	145[a]	158[a]	154[a]	4.223	0.038	0.218
	30	145[b]	139[ab]	142[ab]	134[b]			
	45	128[c]	114[bc]	137[ab]	133[b]			
	60	121[dAB]	109[cB]	112[bAB]	130[bA]			
IL-6/（pg/mL）	15	85.8[aB]	77.7[aB]	83.9[aB]	94.9[aA]	4.001	0.001	0.006
	30	66.7[bC]	62.3[bC]	83.4[aA]	93.3[aA]			
	45	65.3[bB]	53.0[bC]	62.0[bBC]	81.5[bA]			
	60	49.7[cB]	38.7[cB]	50.0[cB]	66.4[cA]			

九、小结

新生牦牛和断乳犊牛是犊牛成长过程中的两个重要关卡，新生犊牛和断乳犊牛的营养和健康管理显得尤为重要，初乳、断乳方式、开食料、均衡的饮食、管理水平以及疾病的预防都影响着犊牛的健康。以预防为主早发现早治疗为原则。

（1）断乳牦牛犊牛补饲黄芪水提物，提高了日增重，ARE_5和ARE_8组增重明显。

（2）随着ARE饲喂水平的提高，显著增加了断乳牦牛犊牛瘤胃乙酸和丙酸的浓度，ARE_8组效果最明显。

（3）黄芪根水提物（ARE）补饲断乳牦牛犊牛极显著提高了血清抗氧化指标（T-AOC和SOD）的浓度，提高了犊牛的抗氧化能力。

（4）ARE_5组和ARE_8处理组通过补饲ARE降低了断乳牦牛犊牛血清FFA浓度，ARE补饲有利于牦牛犊牛的能量平衡。随着饲喂ARE水平的提高和饲喂周期的延长，导致试验牦牛犊牛血清的INS浓度升高，说明补饲ARE促进了牦牛犊牛合成脂肪和蛋白质的能力。

（5）牦牛犊牛血清IgA、IgM和IgG浓度随着ARE饲喂水平的增加而增加，并且提高了血清中TNF-α、IL-2和IL-6的浓度，表明ARE的补饲提高了牦牛犊牛免疫能力。

（6）建议进一步开展汉藏药材药渣、秸秆等副产品饲料化利用研究，打造药膳畜产品品牌。

第二节 牦牛近地(甘肃民乐)育肥技术
及不同饲养方式对肉品质影响

近年来,随着农业经济战略性结构调整,尤其是畜牧业内部结构调整的不断加快,草食畜牧业尤其是牛羊产业得到了持续发展。但是青藏高原地区由于其牦牛生产繁殖率低、生产方式落后、示范基地建设落后等原因,专业化、商品化的牦牛生产仍未形成规模,区域和资源优势没有得到发挥。由于青藏高原天然草场承载力有限,加之存在较大的季节波动,家畜生长处于"增重-减重"的恶性循环中,家畜在暖季通过采食获取的能量大部分被用来抵御冷季的严酷自然环境,生产效率非常低下。近年来,随着养殖牲畜数量的不断增加,草畜矛盾突出,草场退化严重,青藏高原完全依靠天然草场放牧的管理模式已经不能适应现代畜牧业的发展。

牦牛产业是青海省畜牧业的重要组成部分,高效育肥是发展牦牛产业的基本保证。青海省及周边省区牦牛生产目前基本依靠传统放牧生产经营方式,牦牛肉生产水平较低,与品种肉牛相比尚存在较大差距。主要表现为胴体偏小、人均占有肉量低、牦牛肉产量占肉类总产量比例偏低。导致以上现象的原因包括品种、生产方式和饲养条件等多方面因素。但饲养方式的粗放是主要的因素,直接制约了牦牛养殖业水平的提高。

近年来,青海及周边省区由于市场需求力度增大和养殖技术的进步,不但开始对牦牛进行育肥,而且育肥区域依据季节和饲料充足度向低海拔、半农半牧区加速转移,逐渐形成"高繁低育""牧繁农育"的产业发展模式,又被称为"飞地畜牧业"。

牦牛肉是牦牛养殖业的主要畜产品。牦牛肉因为绿色、天然、营养全面,受到消费者的青睐。牦牛肉富含蛋白质,脂肪含量低,氨基酸和多不饱和脂肪酸含量丰富,并且富含微生物和矿质元素(拜彬强等,2014;万红玲等,2016)。由于青藏高原牧草生长季短、生物量低,随着牦牛养殖规模的不断扩大,天然草场已经无法承载全年放牧牦牛。越来越多的"农牧结合""牧繁农育"牦牛养殖模式迅速发展起来。农区育肥牦牛以精料和秸秆进行补饲,与天然草场放牧相比,对肉品质会产生不同的影响。研究表明补饲能够提高牦牛肉色度、嫩度和脂肪含量,降低持水力(王莉等,2015)。人们普遍习惯了"草膘"牦牛肉,认为补饲育肥会影响牦牛肉的肉品质。究竟精料育肥对牦牛肉的影响如何?基于这一问题,开展了放牧牦牛、农区育肥牦牛、农区育肥肉牛的牛肉品质对比分析,为牦牛产业发展以及现代牧场发展模式提供科学支撑。

一、研究地点

研究地点位于祁连山生态牧场、甘肃省民乐县牦牛和肉牛(西门塔尔牛)育肥场。

二、研究方法

　　青海省近祁连山地区借助河西走廊的气候优势、积极引导有需求的农牧民在甘肃省张掖市、武威市等地采取"租赁、承包、订单、联营"等形式，实施飞地畜牧业战略，实现两地资源优势互补。以青海德祐为首的一批青海企业、养殖专业合作社前后在张掖民乐县等地通过租赁等方式开展牦牛育肥。通过4年的发展，青海德华生物股份有限公司在甘肃河西走廊张掖市民乐县建成甘青川存栏最大的牦牛专业育肥场，现存栏2 000头，年均出栏近5 000头。基于育肥牦牛采食量、增重以及收购和销售价格等因素分析牦牛异地育肥效果和经济效益。

　　试验肉样分别为放牧牦牛（GY），农区舍饲育肥牦牛（FY）和农区舍饲育肥肉牛（FC），分别于2019年11月采自青海省祁连县野牛沟、甘肃省民乐县牦牛育肥场和肉牛（西门塔尔）育肥场。完全放牧牦牛屠宰时年龄约4岁左右；农区育肥牦牛于2019年7月初从祁连县天然放牧草场运送到甘肃省民乐县进行集中补饲育肥，于11月底进行屠宰取样，屠宰时年龄约3岁左右。全过程育肥肉牛屠宰时年龄约2岁左右。育肥牦牛和肉牛的饲料配方见表4.6。

表4.6　育肥牦牛和肉牛饲料配方　　　　　　单位：%

组成	牦牛	黄牛
青贮玉米	0	8
燕麦干草	0	12
麦秸	20	0
玉米	47.2	47.2
棉籽粕	9.2	9.2
酒糟	4.96	4.96
玉米胚芽粕	4.24	4.24
豆粕	2.8	2.8
喷浆玉米皮	4.08	4.08
大豆皮	3.6	3.6
氧化镁	0.24	0.24
碳酸钙	0.88	0.88
磷酸氢钙	1.2	1.2
碳酸氢钠	0.48	0.48

组成	牦牛	黄牛
氯化钠	0.96	0.96
香味剂	0.016	0.016
复合维生素	0.016	0.016
复合矿物质	0.112	0.112
植物精油	0.016	0.016

试验牦牛和肉牛屠宰后尽快采集背最长肌（第12～13肋骨之间）约500 g冷冻保存，后期分析肌肉水分、蛋白质、脂肪、脂肪酸和氨基酸含量。同时，在不同部位采集瘤胃组织样品置于福尔马林溶液中，用于后期组织形态学观测分析；采集瘤胃液50 mL冷冻保存，用于后期瘤胃微生物组成和挥发性脂肪酸（VFA）分析。

三、牦牛异地育肥

在甘肃河西走廊民乐县育肥祁连牦牛，由于开始时处于技术和管理模式探索阶段，2018年和2019年牦牛平均日采食量为4 kg/d左右，到2020年和2021年平均日采食量提升到5 kg/d左右（图4.1）。平均日增重也有前期的600 g/d提升到778 g/d、674 g/d（图4.2）。通过农牧互补可以达到牦牛异地快速育肥的效果，育肥4～6个月后可以出栏销售，提高牦牛养殖效率，缩短牦牛养殖周期。根据自2018—2021年牦牛收购和出栏价格的统计，牦牛的收购和出栏价格受市场调节，存在年际间的波动，但两者基本持平，而且牦牛肉价格总体呈现增加的趋势（图4.3），表明育肥牦牛市场风险低，市场对牦牛肉的认可和需求在不断提高。育肥牦牛产业的发展势头较好。

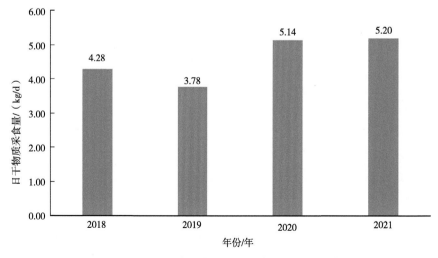

图4.1　牦牛异地高强度育肥不同年份平均日采食量

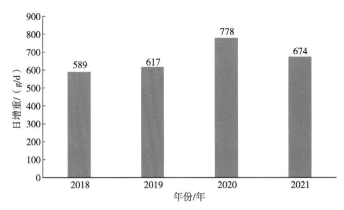

图4.2　牦牛高强度异地育肥不同年份平均日增重

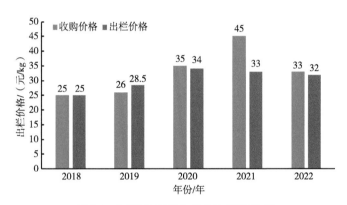

图4.3　不同年份牦牛收购和出栏价格

四、不同管理模式对牦牛瘤胃发育和瘤胃环境的影响

育肥牦牛瘤胃乳头的表面积大于放牧牦牛，但与育肥肉牛没有显著差异（表4.7）。放牧牦牛与舍饲育肥牦牛和肉牛相比，瘤胃乳头宽、短，具有更厚的瘤胃乳头角质层和更宽的结缔组织（表4.7，图4.4）。舍饲育肥牦牛瘤胃乳头的密度最大，其次是放牧牦牛，舍饲育肥肉牛最小。

表4.7　不同管理模式对瘤胃发育的影响

指标	GY	FC	FY	SEM	P值
瘤胃乳头角质层厚度/μm	129.5[a]	38.3[b]	38.0[b]	12.81	<0.01
瘤胃乳头宽度/mm	2.42[a]	1.60[b]	1.55[b]	0.15	0.012
瘤胃乳头长度/mm	5.30[b]	10.25[a]	15.95[a]	1.64	0.018
瘤胃乳头密度/（n/cm²）	30.67[b]	26.00[c]	47.33[a]	3.29	<0.001
瘤胃乳头表面积/mm²	25.63[b]	31.60[ab]	45.62[a]	3.60	0.016

注：同行不同上标小写字母表示差异显著（$P<0.05$）；GY为全放牧牦牛；FY为舍饲育肥牦牛；FC为舍饲育肥肉牛，下同。

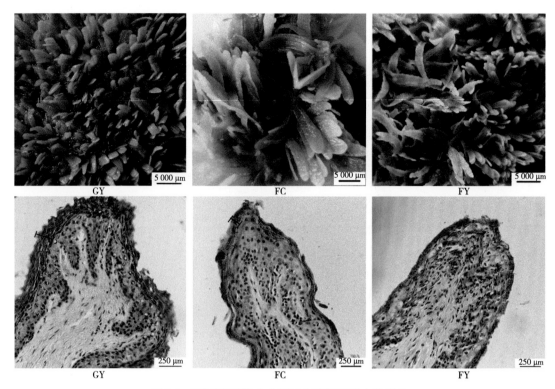

图4.4　不同管理模式对瘤胃内壁组织形态的影响

放牧牦牛和舍饲育肥牦牛较舍饲育肥肉牛具有更高的瘤胃乙酸和总挥发性脂肪酸含量，瘤胃丙酸、丁酸、戊酸和乙酸/丙酸含量在3种牛之间没有显著差异（表4.8）。

表4.8　不同管理模式瘤胃挥发性脂肪酸

指标	GY	FC	FY	SEM	P值
乙酸/（mmol/L）	21.93[a]	9.72[b]	19.63[a]	2.32	0.04
丙酸/（mmol/L）	9.83	3.49	8.19	1.35	0.13
丁酸/（mmol/L）	5.13	2.82	7.51	1.03	0.19
戊酸/（mmol/L）	0.42	0.73	1.08	0.12	0.25
总挥发性脂肪酸/（mmol/L）	37.9[a]	15.6[b]	36.5[a]	4.52	0.04
乙酸/丙酸	2.36	2.59	2.78	0.17	0.67

注：同行不同上标小写字母表示差异显著（$P<0.05$）。

五、不同管理模式对牦牛瘤胃微生物的影响

放牧牦牛（GY）瘤胃微生物多样性（Shannon指数）高于舍饲育肥牦牛和肉牛，但物种丰富度（Chao1指数）低（图4.5）。不同饲养模式下，不同管理模式瘤胃微生物出现明显的分组现象（图4.6）。

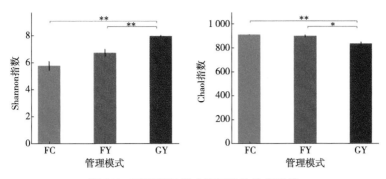

图4.5 不同管理模式瘤胃微生物多样性

注：*为P<0.05；**为P<0.01。

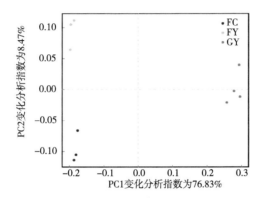

图4.6 不同管理模式瘤胃微生物主坐标分析

注：FC为舍饲育肥肉牛；FY为舍饲育肥牦牛；GY为全放牧牦牛。

门水平，Bacteroidetes和Firmicutes是3组牛主要的瘤胃微生物（表4.9）。放牧牦牛瘤胃Bacteroidetes相对丰度高于舍饲育肥肉牛，但与舍饲育肥牦牛没有显著差异。三组牛瘤胃Firmicutes相对丰度没有显著差异。舍饲育肥肉牛瘤胃Proteobacteria相对丰度有高于放牧牦牛和舍饲育肥牦牛的趋势（P=0.09）。放牧牦牛瘤胃Fusobacteria和Actinobacteria相对丰度低于舍饲育肥牦牛和肉牛。舍饲育肥牦牛瘤胃uncultured_bacterium_k_Bacteria相对丰度高于放牧牦牛和舍饲育肥肉牛。放牧牦牛瘤胃Synergistetes和Patescibacteria相对丰度高于舍饲育肥牦牛和肉牛。

表4.9 不同管理模式瘤胃微生物相对丰度

类别	GY/%	FC/%	FY/%	SEM	P值
门水平					
Bacteroidetes	48.7[a]	29.6[b]	38.6[ab]	0.032	0.034
Firmicutes	37.0	35.6	43.2	0.032	0.546
Proteobacteria	2.69	27.1	3.12	0.048	0.089

续表

类别	GY/%	FC/%	FY/%	SEM	P值
Fusobacteria	0.02[b]	3.50[a]	3.00[a]	0.006	0.035
Kiritimatiellaeota	2.74	0.62	1.77	0.006	0.231
uncultured_bacterium_k_Bacteria	0.09[b]	0.47[b]	3.97[a]	0.007	0.018
Actinobacteria	1.00[b]	1.62[a]	1.56[a]	0.001	0.038
Synergistetes	2.40[a]	0.08[b]	0.50[b]	0.004	0.026
Patescibacteria	1.99[a]	0.49[b]	0.05[b]	0.003	0.018
Chloroflexi	0.22[ab]	0.13[b]	1.98[a]	0.004	0.043
属水平					
*Prevotella*_1	13.0	14.8	13.1	0.015	0.786
Succiniclasticum	6.02	17.4	6.42	0.027	0.150
*Succinivibrionaceae*_UCG-001	0[b]	25.0[a]	0.56[ab]	0.049	0.019
uncultured_bacterium_f_*Muribaculaceae*	0.70[b]	3.97[ab]	17.6[a]	0.028	0.018
uncultured_bacterium_f_F082	7.19	2.09	2.50	0.013	0.437
*Christensenellaceae*_R-7_group	3.83[ab]	0.60[b]	9.40[a]	0.013	0.018
*Rikenellaceae*_RC9_gut_group	7.71[a]	1.76[b]	1.31[b]	0.011	0.030
Lactobacillus	0.08[b]	3.80[a]	3.17[a]	0.006	0.038
*Ruminococcaceae*_NK4A214_group	1.99[ab]	0.59[b]	3.70[a]	0.005	0.043
uncultured_bacterium_f_*Bacteroidales*_UCG-001	5.03[a]	0.12[ab]	0.05[b]	0.009	0.024

属水平，舍饲育肥牦牛和肉牛瘤胃检测到*Succinivibrionaceae*_UCG-001，但在放牧牦牛瘤胃中没有检测到。舍饲育肥牦牛瘤胃uncultured_bacterium_f_*Muribaculaceae*相对丰度高于放牧牦牛，*Christense-nellaceae*_R-7_group和Ruminococcaceae_NK4A214_group高于舍饲育肥肉牛。放牧牦牛瘤胃*Rikenellaceae*_RC9_gut_group相对丰度高于舍饲育肥牦牛和肉牛，而Uncultured_bacterium_f_*Bacteroidales*_UCG-001相对丰度只高于舍饲育肥牦牛，*Lactobacillus*相对丰度低于舍饲育肥牦牛和肉牛。

瘤胃微生物属Uncultured_bacterium_f_*Muribaculaceae*和*Rikenellaceae*_RC9_gut_group与牛品种极显著相关（$P<0.01$）；而*Prevotella*_1、uncultured_bacterium_f_*Muribaculaceae*和unculcured_bacterium_f_F082与育肥饲养模式呈极显著正相关（$P<0.01$）（图4.7）。

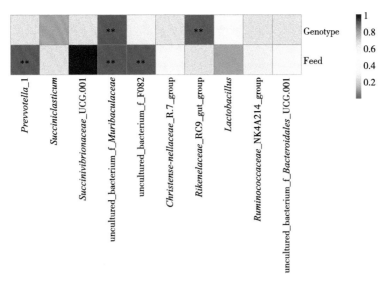

图4.7　主要瘤胃微生物菌属与牛品种和饲料的相关性

注：Genotype为牛品种；Feed为饲料相对丰度较高的前10种菌属；*为P<0.05，**为P<0.01。

六、不同管理模式对牦牛肉品质的影响

放牧牦牛、舍饲育肥牦牛和肉牛肌肉中水分含量没有显著差异，放牧牦牛和舍饲育肥牦牛较舍饲育肥肉牛肌肉中含有较高的CP、较低的粗脂肪含量（表4.10）。

表4.10　不同管理模式牛肉营养成分

指标	GY	FC	FY	SEM	P值
含水率/%	67.1	70.5	69.5	1.05	0.380
CP/%（DM）	67.4[a]	56.6[b]	77.2[a]	4.04	0.009
粗脂肪/%（DM）	18.5[b]	43.2[a]	17.9[b]	5.12	0.038

注：同行不同上标小写字母表示差异显著（P<0.05）。

舍饲育肥肉牛较牦牛肌肉中含有较高的十四酸（$C_{14:0}$，$C_{14:1}$）、油酸（$C_{18:1}$）和较低的硬脂酸（$C_{18:0}$）含量。舍饲育肥牦牛降低了17碳烯酸（$C_{17:1}$）的含量。舍饲育肥牦牛和肉牛较放牧牦牛肌肉含有较高的反亚油酸（$C_{18:2n6t}$）和亚油酸（$C_{18:2n6c}$），而亚麻酸（$C_{18:3n3}$）放牧牦牛肉中含量最高。放牧牦牛肉含有较高的二十一烷酸（$C_{21:0}$）和二十三烷酸（$C_{23:0}$）。二十碳三烷酸（$C_{20:3n3}$）、二十二碳二烯酸（$C_{22:2}$）、二十二碳六烯酸（DHA，$C_{22:6}$）只在放牧牦牛肉中检测到，花生四烯酸只在育肥肉牛中检测到。舍饲育肥肉牛趋于含有较低的饱和脂肪酸（SFA），与舍饲育肥牦牛相比含有较高的单不饱和脂肪酸（MUFA）。放牧牦牛肉n6/n3为2.3，显著低于舍饲育肥牦牛（11.4）和肉牛（8.1）。n6/n3低于4.0被认为是对人体健康的脂肪酸比例，因此，放牧牦牛肉的脂肪酸比例更佳，

而且只有在放牧牦牛肉中检测到功能性脂肪酸-DHA（表4.11）。

表4.11　不同管理模式牛肉脂肪酸含量

指标	GY/%	FC/%	FY/%	SEM	P值
$C_{12:0}$，Lauric acid	0.08	0.06	0.07	0.007	0.435
$C_{13:0}$，Tridecanoic acid	0.08	0.01	0.09	0.019	0.230
$C_{14:0}$，Myristic acid	2.41[b]	3.20[a]	1.88[b]	0.198	0.007
$C_{14:1}$，Myristoleic acid	0.30[b]	0.97[a]	0.22[b]	0.117	0.001
$C_{15:0}$，Pentadecanoic acid	0.60	0.85	1.47	0.234	0.334
$C_{15:1}$，cis-10-Pentadecenoic acid	0.11	0.04	0.11	0.017	0.152
$C_{16:0}$，Palmitic acid	21.43	22.74	21.40	0.527	0.569
$C_{16:1}$，Palmitoleic acid	4.26	4.73	3.33	0.247	0.055
$C_{17:0}$，Heptadecanoic acid	1.20	1.14	0.88	0.100	0.433
$C_{17:1}$，Heptadecenoic acid	0.80	0.80	0.61	0.040	0.060
$C_{18:0}$，Stearic acid	21.76	14.51	22.99	1.621	0.062
$C_{18:1n9t}$，Elaidic acid	4.63	2.68	4.41	0.497	0.246
$C_{18:1n9c}$，Oleic acid	36.51	42.29	34.28	1.388	0.051
$C_{18:2n6t}$，Linolelaidic acid	0.11[b]	0.26[a]	0.21[a]	0.022	<0.001
$C_{18:2n6c}$，Linoleic acid	1.72[b]	3.90[a]	4.77[a]	0.518	0.010
$C_{18:3n3}$，α-Linolenic acid	0.67[a]	0.16[b]	0.27[b]	0.087	0.008
$C_{18:3n6}$，γ-Linolenic acid	—	0.06	0.06	0.011	0.680
$C_{20:0}$，Arachidic acid	0.30	0.12	0.20	0.045	0.316
$C_{20:1n9}$，Eicosenoic acid	0.02	0.02	0.00	0.006	0.310
$C_{20:2}$，Eicosadienoic acid	0.16	0.10	0.11	0.026	0.584
$C_{20:3n6}$，Eicosatrienoic acid	0.60	0.10	0.31	0.141	0.382
$C_{20:3n3}$，Eicosatrienoic acid	0.36	—	—	0.098	—
$C_{20:4n6}$，Arachidonic acid	—	0.01	—	0.003	—
$C_{20:5n3}$，Eicosapentaenoic acid	0.16	0.45	0.24	0.075	0.270
$C_{21:0}$，Henicosanoic acid	0.54	0.23	0.27	0.065	0.068
$C_{22:0}$，Behenic acid	0.18	0.16	0.20	0.030	0.915
$C_{22:1n9}$，Erucic acid	0.02	0.02	0.00	0.006	0.310
$C_{22:2}$，cis-13, 16-Docosadienoic acid	0.02	—	—	0.005	—

续表

指标	GY/%	FC/%	FY/%	SEM	P值
$C_{22:6n3}$，Docosahexaenoic acid	0.07	—	—	0.014	—
$C_{23:0}$，Tricosanoic acid	0.61	—	1.24	0.185	0.079
$C_{24:0}$，Ligoceric acid	0.05	0.04	0.13	0.024	0.314
SFA	48.79	43.66	50.57	1.310	0.083
MUFA	46.57[ab]	50.89[a]	42.99[b]	1.281	0.029
PUFA	4.63	5.45	6.44	0.476	0.325
MCFA	31.26	34.55	30.05	0.874	0.101
LCFA	65.45	69.95	68.74	0.874	0.101
PUFA/SFA	0.10	0.12	0.13	0.011	0.441
n3	1.19	0.61	0.51	0.154	0.121
n6	2.46[b]	4.33[ab]	5.36[a]	0.519	0.030
n6/n3	2.30[b]	8.10[a]	11.42[a]	1.426	0.002

注：同行不同上标小写字母表示差异显著（$P<0.05$）；TFA为总脂肪酸；PUFA为多不饱和脂肪酸；MCFA为中链脂肪酸（$C_{11:0} \sim C_{17:0}$）；LCFA为长链脂肪酸（$C_{18:0} \sim C_{24:0}$）。

放牧牦牛较舍饲育肥肉牛肉含有较高含量的异亮氨酸、色氨酸、亮氨酸、络氨酸等必需氨基酸（EAA），但与舍饲育肥牦牛肉差异不显著。放牧和舍饲育肥牦牛肉中含有较低的谷氨酸含量，谷氨酸被认为是重要的风味氨基酸。放牧牦牛较舍饲育肥牦牛和肉牛含有高的蛋氨酸和苯丙氨酸水平。根据联合国粮食及农业组织（FAO）和世界卫生组织（WHO）推荐，健康食品的必需氨基酸与总氨基酸比例（EAA/TAA）高于0.4，而必需氨基酸与非必需氨基酸比例（EAA/NEAA）高于0.6。放牧牦牛和舍饲育肥牦牛肉均达到该标准，而且放牧牦牛更佳，而舍饲育肥肉牛肉氨基酸没有达到该标准（表4.12）。

表4.12　不同管理模式牛肉氨基酸含量

指标（干物质含量）	GY/%	FC/%	FY/%	SEM	P值
甘氨酸	1.02	1.80	1.20	0.179	0.187
丙氨酸	7.69	7.89	8.19	0.289	0.816
丝氨酸	0.92	0.93	0.73	0.080	0.597
脯氨酸	1.51	1.13	1.52	0.103	0.262
缬氨酸	2.01	1.24	1.63	0.141	0.055
苏氨酸	1.71	1.36	1.66	0.101	0.375

续表

指标（干物质含量）	GY/%	FC/%	FY/%	SEM	P值
胱氨酸	0.05	0.07	0.05	0.005	0.383
亮氨酸	2.23[a]	1.16[b]	1.71[ab]	0.177	0.015
异亮氨酸	1.34[a]	0.63[b]	0.96[ab]	0.119	0.019
谷氨酸	2.07[b]	7.25[a]	1.90[b]	1.017	0.033
蛋氨酸	1.12[a]	0.42[b]	0.78[b]	0.125	0.008
组氨酸	0.54	0.51	0.41	0.044	0.531
苯丙氨酸	1.48[a]	0.59[c]	1.12[b]	0.133	0.001
精氨酸	2.56	1.64	2.10	0.263	0.394
色氨酸	0.41[a]	0.23[b]	0.35[ab]	0.030	0.022
赖氨酸	2.63	2.21	2.14	0.215	0.637
络氨酸	0.95[a]	0.40[b]	0.66[ab]	0.093	0.022
TAA	30.30	29.47	27.12	1.793	0.799
EAA	12.99[a]	7.85[b]	10.35[ab]	0.927	0.043
EAA/TAA	0.43[a]	0.27[c]	0.38[b]	0.024	<0.001
EAA/NEAA	0.76[a]	0.36[c]	0.62[b]	0.058	<0.001

注：同行不同上标小写字母表示差异显著（$P<0.05$）；TAA为总氨基酸；EAA为必需氨基酸；NEAA为非必需氨基酸。

七、小结

研究结果表明采用"农牧互补""牧繁农育"的饲养模式，能够实现农区和牧区资源的优势互补，提高生产效率，降低草地放牧压力。将育肥牦牛运至邻近农区采用高精料育肥生产管理，能够实现牦牛短期内达到较高的增重水平，对牦牛健康没有产生不利影响，是现阶段青藏高原牧区畜牧业发展的有效模式。尤其在青藏高原冬春缺草季节，将部分育肥牦牛运至较低海拔的农区，不仅气候环境相对温和，而且可以利用农区的饲料资源，避免了全年放牧造成的家畜"冬瘦春乏"现象，是青藏高原畜牧业行之有效的发展模式。农牧互补牦牛集中育肥建议采取企业化运作，牧民参与，利益共享的模式。

舍饲育肥牦牛增加了瘤胃乳头表面积和瘤胃微生物多样性，但降低了瘤胃微生物丰富度。无论是放牧牦牛，还是舍饲育肥牦牛，较舍饲育肥肉牛肉中含有较高的蛋白质和低脂肪。放牧牦牛肉中含有较高含量的亚麻酸和较低的亚油酸。放牧牦牛肉与舍饲育肥牦牛和肉牛相比，其脂肪酸和氨基酸组成都较合理。建议制定严格的畜产品评价标准，实现优质优价，创造和维护地方畜产品品牌。

第三节　牦牛异地（安徽定远）适应性及育肥研究

　　牦牛是长期生活在我国青藏高原地区这种年均气温0℃、昼夜温差大（15℃左右）等生态环境下的特有牛种，具有体格硕大、肉质良好、产乳性能好，适应性强等特点，也是我国主要畜牧资源之一，主产区位于海拔3 000 m以上高寒地区。我国是世界上牦牛数量最多的国家，拥有牦牛1 530多万头，占世界牦牛总存栏数量的92%以上（李景芳等，2015）。据相关数据统计，青海省约有牦牛497万头，占全国首位（陆仲磷等，2003）。牦牛在青藏地区被称为"高原之舟"，现如今又推动旅游业等特色产业发展，青藏高原又被称为"世界屋脊"（陈刚等，2010），是当地牧民赖以生存和发展的生产与生活资料，也是当地牧民主要经济收入来源（阎萍，2004）。肖敏等（2017）为了研究金川牦牛在其他地区的适应性，将20头不同性别不同年龄的牦牛引种到红原地区，并对其生产性能和行为进行测定观察。测定指标显示：引种牦牛的体高、体重、胸围、管围等生长指标均与原产地金川牦牛无显著差异；繁殖率较低为64.29%，红原地区对牦牛配种具有一定的影响；配种率与麦洼牦牛旗鼓相当。结果表明：引种到红原地区的牦牛，从生长性能、繁殖情况等方面综合分析，金川牦牛在红原地区是适应的。

　　20世纪以来，关于探讨牦牛冬春季不掉膘等相关研究越来越多。考虑到所处环境恶劣，交通不便，造成大量牦牛越冬春季困难，因此考虑在冬春高季节寒牧区牧草匮乏的影响将牦牛运输到低海拔地区，进行异地饲养，可充分利用该地区大量的农作物秸秆等饲料资源。推行异地育肥产业模式，可增加经济效益，解决牧民贫困问题（唐永昌，2014；李慧贤，2018）。冷季将牦牛从高海拔地区运输到低海拔地区（0～2 000 m）进行短期异地育肥是完全可行的，能使5～6岁牦牛提前1～2岁出栏，且育肥效果良好（边守义等，1995；张娇娇等，2017）。

一、研究地点

　　试验地点位于安徽省滁州市定远县西卅店镇安徽农业大学江淮分水岭试验站，位于江淮分水岭地区，地理位置为N32°57′10.5″、E117°50′38.9″，海拔71.7 m。该地区属北温带向北亚热带过渡的气候，年均气温15.2℃，昼夜温差小，年均降水量934 mm，无霜期年平均220 d左右。

二、研究方法

　　本试验以引进8头健康、无病牦牛作为试验动物，投放到安徽省滁州市定远县安徽农业大学江淮分水岭试验站内。将8头牦牛分组，其中1岁公牦牛3头（MY组）、4岁母牦牛5头（FY组）。在清晨安静状态下，分别在引入后1 d、5 d、10 d、20 d、30 d、55 d、80 d、400 d测定空腹试验牦牛的体温、呼吸频率和心跳频率，并用非抗凝管和抗凝管采集血液检测血液生理生化指标。

试验动物采用露天圈舍饲养，试验日粮组成为玉米15.00%、豆粕6.75%、麦麸3.25%、甜高粱青贮58.33%（干物质基础）和稻草秸秆16.67%，采用自由采食和饮水的饲喂方法，于每天8:30和16:30分2次饲喂。在试验期间，每天8:00投喂前准确称量试验牦牛剩料量，计算平均日采食量（ADFI）。

分别于第1天、第30天、第55天和第80天早晨空腹称量每头牦牛体重，并计算平均日增重（ADG）。测量前，将电子秤校正后进行测量记录，连续测量2 d求取平均值。记录牦牛日常采食量，计算每只试验动物饲料成本，通过饲养前后体重数据核算经济效益。经济效益（元/头）=相对产出-饲料成本。相对产出=（饲养后体重-饲养前体重）×牛肉价格（80元/kg）。

三、牦牛低海拔适应性

由表4.13可知，在引种后1 d、10 d、20 d，母牦牛比公牦牛心率低（$P<0.05$），其他时间点各组间无显著差异。MY组牦牛在引种后10 d、20 d、30 d时比1 d显著提高35.5%~65%（$P<0.05$），引种后其他时间点与1 d无显著差异（$P>0.05$）；FY组牦牛在引种后30 d、55 d、80 d、400 d显著高于1 d（$P<0.05$），引种后其他时间点与1 d无显著差异（$P>0.05$）。在引种后1 d、10 d、30 d，母牦牛比公牦牛呼吸频率低（$P<0.05$），其他时间点各组间无显著差异（$P>0.05$）。MY组和FY组牦牛其他时间点低于1 d（$P<0.05$）。在引种后5 d、10 d、20 d时MY组的体温显著高于FY组（$P<0.05$），其他时间点各组间差异不显著（$P>0.05$）。体温MY组在引种后5、20、30、80、400 d显著低于1 d，其他时间点与1 d无显著差异（$P>0.05$），FY组各时间点与1 d均显著差异（$P<0.05$）。

表4.13　牦牛的生理指标

项目	分组	引种后天数/d								SEM
		1	5	10	20	30	55	80	400	
心率（次/min）	MY	60[wb]	62.33[b]	78.33[wa]	89[wa]	85[a]	75.67[ab]	71.67[ab]	66.5[b]	4.66
	FY	52.8[xb]	55.8[b]	46.2[xab]	56[xb]	68.75[a]	82.4[a]	60.5[a]	67.4[a]	5.06
呼吸频率（次/min）	MY	121.33[wb]	35[a]	53.33[wa]	35.33[a]	56.33[wa]	46.67[a]	25[a]	31.25[a]	13.7
	FY	63[xb]	38.4[a]	31.6[xa]	35.8[a]	30.67[xa]	28[a]	19.5[a]	37.4[a]	5.65
体温/℃	MY	39.67[b]	39.07[wa]	39.37[wb]	39.1[wa]	38.8[a]	39.43[ab]	38.87[a]	38.61[a]	0.16
	FY	39.34[b]	38.08[xa]	37.84[xa]	38.28[xa]	37.92[a]	38.26[a]	38.48[a]	38.23[a]	0.21

注：同一指标同行数据上标a~e表示该采样时间之间差异显著，分别表示$P<0.05$；同一指标同列数据上标w~z表示该时间点组间差异显著（$P<0.05$）。

由表4.14可知，MY组牦牛的谷丙转氨酶（ALT）浓度在引种后30 d显著高于1 d

（$P<0.05$），FY组在引种后5 d显著高于1 d（$P<0.05$），其他时间点与1 d无显著差异（$P>0.05$）。谷草转氨酶（AST）浓度MY和FY组各时间点各组间均差异不显著（$P>0.05$）。MY组牦牛的碱性磷酸酶（ALP）浓度在引种后30 d、55 d、80 d显著高于1 d（$P<0.05$），且显著高于FY组牦牛（$P<0.05$）。MY组牦牛的总蛋白（TP）浓度在引种后10 d显著高于1 d（$P<0.05$），FY组在引种后30 d、55 d、80 d显著高于1 d（$P<0.05$），在引种后10 d、80 d，MY组牦牛显著低于FY组（$P<0.05$）。MY组牦牛的葡萄糖（GLU）浓度在引种后30 d、55 d、80 d显著高于1 d（$P<0.05$），FY组在引种后20、30 d、55 d、80 d显著高于1 d（$P<0.05$），其他时间点与1 d无显著差异（$P>0.05$），在引种后1 d、30 d、55 d，MY组牦牛显著高于FY组（$P<0.05$），其他处理组无显著差异（$P>0.05$）。在引种后10 d、20 d，MY组牦牛总胆固醇（TC）高于FY组（$P<0.05$），其他各时间处理组无显著差异（$P>0.05$）。MY组牦牛乳酸脱氢酶（LDH）浓度在引种后20 d、30 d、55 d显著高于1 d（$P<0.05$），FY组在引种后20 d、30 d、55 d、80 d显著高于1 d（$P<0.05$），其他时间点与1 d无显著差异（$P>0.05$）。

表4.14　牦牛血液生化指标

项目	分组	1	5	10	20	30	55	80	SEM
ALT/（U/L）	MY	29.17[b]	38.3[ab]	33.1[ab]	45.07[b]	53.73[a]	49.87[b]	49.5[b]	3.52
	FY	31.53[b]	52[a]	37.02[b]	37.42[b]	35.33[b]	48.46[b]	28.3[b]	3.26
AST/（U/L）	MY	65.3	86.9	74.63	69.87	97.73	109.57	86.63	5.96
	FY	70.34	111	80.78	103.66	82.63	102.98	98.3	5.64
ALP/（U/L）	MY	155.6[b]	165.6[b]	132.4[b]	171.3[b]	215.2[wa]	279.2[wa]	225[wa]	19.04
	FY	133.9	138.7	109.7	105	147.5[x]	146.4[x]	134.5[x]	6.39
TP/（g/L）	MY	68.87[b]	72.5[b]	63.73[wa]	76.33[b]	79.5[b]	79.07[b]	78.47[xb]	2.26
	FY	73.46[b]	81.2[b]	71.93[xab]	80.9[b]	85.24[a]	101[a]	92.58[ya]	3.9
GLU/（mmol/L）	MY	3.85[wb]	3.19[ab]	3.19[ab]	4.73[b]	5.96[wa]	8.78[wa]	7.74[a]	0.84
	FY	2.27[xb]	2.73[b]	2.93[b]	3.83[a]	4.31[xa]	6.22[xa]	5.93[a]	0.59
TC/（mmol/L）	MY	3.6	4.33	3.66[w]	3.48[w]	3.23	3.9	3.79	0.13
	FY	2.71	2.71	2.26[x]	2.51[x]	2.99	3.19	3.16	0.13
LDH/（U/L）	MY	707.3[b]	780.1[b]	700.8[b]	898[a]	915.6[a]	914.7[a]	793[b]	35.62

注：同一指标同行数据上标a～e表示该采样时间之间差异显著，分别表示$P<0.05$；同一指标同列数据上标w～z表示该时间点组间差异显著（$P<0.05$）。

四、牦牛在低海拔地区的异地育肥

由表4.15可知，在引种后1 d、30 d、55 d和80 d，牦牛平均日采食量均有显著差异（$P<0.01$）。在引种后50 d内采食量呈正增长趋势，55～80 d呈下降趋势。

表4.15 平均日采食量

1 d/（kg/d）	30 d/（kg/d）	50 d/（kg/d）	80 d/（kg/d）	SEM	P值
2.93[a]	4.48[c]	5.36[d]	4.11[b]	0.5	<0.01

注：同行不同上标小写字母表示差异显著（$P<0.05$）。

由表4.16和表4.17可知，在引种后1 d、30 d、55 d和80 d，MY、FY组间牦牛各项指标差异极显著（$P<0.01$）。牦牛体重MY组在引种后55和80 d显著高于1 d（$P<0.05$），30 d与1 d无显著差异（$P>0.05$）；FY组在引种后55 d显著高于1 d（$P<0.05$），其他时间均无显著差异（$P>0.05$）。在引种后80 d，MY、FY组牦牛总增重比1 d提高1.8～22.17 kg。牦牛日增重MY组和FY组在30～55 d显著高于其他时间段（$P<0.05$）。在引种后0～80 d，MY组日增重有显著高于FY组的趋势（$P=0.001$）。

表4.16 牦牛引种后体重

引种后天数/d	MY/kg	FY/kg	SEM	P值
1	45.00[wa]	166.7[x]	22.63	<0.01
30	48.33[w]	162[x]	21.26	<0.01
55	59.83[w]	184.6[x]	23.14	<0.01
80	67.17[wb]	168.5[x]	19.01	<0.01

注：同一指标同行数据上标a～e表示该采样时间之间差异显著，分别表示$P<0.05$；同一指标同列数据上标w～z表示该时间点组间差异显著（$P<0.05$）。

表4.17 牦牛日增重

引种后天数/d	MY（g/d）	FY（g/d）	SEM	P值
1～30	111.1[a]	177.8[a]	40.8	0.541
30～55	460[b]	376b	77.5	0.69
55～80	293.3[b]	−109.3[b]	111	0.119
0～80	227.1[wb]	22.5[xb]	48.9	<0.01

注：同一指标同行数据上标a～e表示该采样时间之间差异显著，分别表示$P<0.05$；同一指标同列数据上标w～z表示该时间点组间差异显著（$P<0.05$）。

由表4.18可知，MY、FY组牦牛相对产出分别为1 773.6元/头、144元/头；通过饲养80 d，除去饲料成本，两组的实际经济效益为1 525.64元/头、−103.96元/头。试验MY组经济效益最好，FY组最低。

表4.18　牦牛经济效益分析

组别	饲养天数/d	饲料成本/元	增重/kg	相对产出/元	实际经济效益/元
MY	80	247.96	22.17	1 773.6	1 525.64
FY	80	247.96	1.8	144	−103.96

五、小结

（1）引入江淮分水岭地区的牦牛血液生理生化指标均处于各项指标的正常范围内，说明牦牛在江淮分水岭地区具有一定的适应性。

（2）建议利用高原家畜优秀基因，进一步开展相关杂交育种试验。

（3）公牦牛在江淮分水岭地区经济效益显著，平均日增重为227.1 g/d；成年母牦牛适应性低，饲养效果欠佳。

（4）牦牛在江淮分水岭地区繁殖性能降低，需要进一步研究解决方案和模式。例如，探索调运时间，以及适应期管理技术等。

第四节　放牧牦牛生产系统智慧管理研究

家畜行为是其健康、生理、营养、应激的外在表现，也是直观反映家畜状态的重要指标。通过智能化感应装置精准并实时监测家畜的行为数据，上传至数据分析服务终端，经过导入模型和算法解析为家畜的不同行为特征，并可通过手机App和电脑端查看行为数据分析结果，同时实现异常行为特征及时报警提醒的功能。基于家畜行为的记录分析，及时掌握家畜的健康、生理和营养状况，并及时采取相应的管理措施，使家畜处于最佳的健康和营养状况，降低畜牧业生产劳动力投入和损失、提高生产效益。

一、研究地点

研究地点位于祁连山生态牧场、三江源有机牧场和湟水河智慧牧场。

二、研究方法

分别在祁连山生态牧场、三江源有机牧场和湟水河智慧牧场，选取能繁母牦牛、后备母牦牛和种公牦牛，分别佩戴使用由成都德鲁伊科技有限公司定做的Debut放牧家畜行为监控电子耳标和分析管理系统，以及由安乐福（中国）智能科技有限责任公司生产的SCR家畜行为监控电子耳标和分析管理系统，经过优化改装使其适应高寒环境和放牧牦牛。通过电子耳标配置的三维加速度传感器和GPS实时记录放牧牦牛的行为数据，通过算法分析牦牛的活动量、采食和反刍等行为特征。

三、祁连山生态牧场牦牛智慧行为监测与管理

祁连山生态牧场位于祁连县野牛沟（图4.8），以养殖牦牛和藏羊为主。采用成都德鲁伊科技有限公司研发的家畜智能电子耳标行为监测系统，通过加速度感应装置记录后备母牦牛和种公牦牛活动信息，并通过模型算法解析为牦牛运动量、采食行为和反刍行为，同时通过耳标内的温度传感器记录环境温度。

图4.8　放牧牦牛群的主要活动区域

牦牛行为记录结果表明，无论是后备母牦牛还是种公牦牛，其步数和活动量都随气温的降低呈明显下降变化（图4.9、图4.10）。活动量以整体动态加速度（ODBA）进行表示，ODBA是一种加速度指数，将x轴、y轴和z轴原始加速度减去静态加速度后相加以反映生物的活动量。5—7月，随着气温回暖（图4.11、图4.12），牧草返青生长并达到生物量高峰期，牦牛的活动量也随之升高，从7月至翌年4月，随着牧草停止生长，以及气温逐渐下降，牦牛活动量降低，尤其从11月开始进入冬季，直至春季4月，活动量处于低谷期。综合全年数据，后备母牦牛的活动量要略高于种公牦牛。结合牦牛活动量和气温数据，可以得到0℃是限制牦牛活动量的一个明显分界点，当温度低于0℃时，明显抑制牦牛活动量，这是牦牛长期适应青藏高原低温环境的进化特征，通过身体感受外界气温，低温时通过降低运动消耗保存能量。

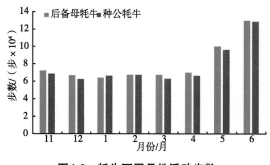

图4.9　牦牛不同月份活动步数

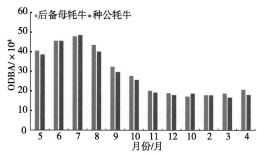

图4.10　牦牛不同月份活动量

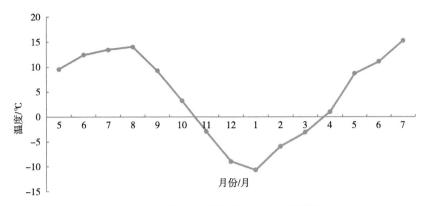

图4.11　祁连山生态牧场月平均温度变化

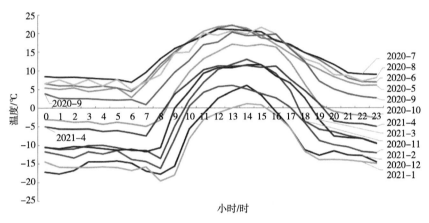

图4.12　祁连山生态牧场不同月份日温度变化

后备母牦牛和种公牦牛在不同月份日不同时段的活动量结果显示，活动量明显分为三个区间，5—8月活动量高，9—10月活动量居中，11月至翌年4月活动量最低（图4.13、图4.14）。6—7月早晨开始活动时间最早（5:00左右），夜间结束最晚（23:00左右），活动量高峰期在8:00—21:00。5月和8月，牦牛早晨开始活动时间为6:00左右，9:00—10:00达到高峰期。9—10月早晨开始活动时间为7:00，最冷月1月早晨开始活动时间为8:00，夜间停止活动时间为21:00左右。牦牛的活动步数只有11月至翌年6月的数据，基本与活动量数据一致，相对比较明显地出现早晚双高峰模式，6月步数最高，其次为5月，11月至翌年4月步数降低，变化基本一致（图4.15、图4.16）。6月步数开始在4:00左右，4—5月在5:00左右，到7:00达到高峰，20:00左右开始停止；11月至翌年3月在6:00—7:00步数开始升高，8:00达到高峰，17:00左右开始停止。牦牛步数一是受气温影响，当温度低时，步数降低。另外受草场状况影响，6月牧草生长初期，牦牛通过增加采食活动时间以提高采食量，因此早晨步数开始时间较早，夜间停止时间也较晚（图4.16）。而在枯草季节，牦牛只利用白昼时间进行采食，而且由于枯黄牧草的可选择性降低，其采食活动步数也下降。

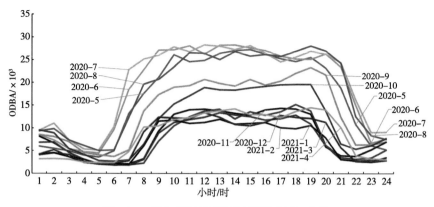

图4.13　后备母牦牛不同月份活动量日变化

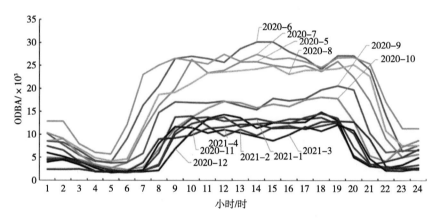

图4.14　种公牦牛不同月份活动量日变化

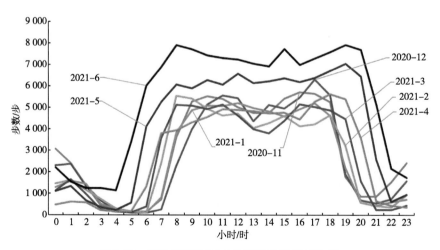

图4.15　后备母牦牛不同月份活动步数日变化

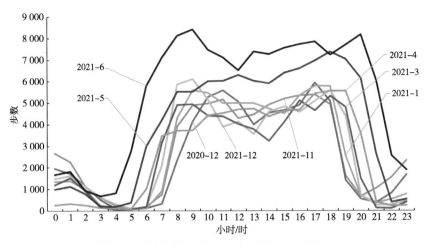

图4.16　种公牦牛不同月份活动步数日变化

牦牛在11月至翌年4月日采食时间低于5—6月，6月最高（13～14 h），最低日采食时间为8 h左右（图4.17）。总体，后备母牦牛的日采食时间高于种公牦牛，尤其在枯草季末期（2—4月）。后备母牦牛的日反刍时间在6月显著高于其他月份，6月的日采食时间达到4 h，而11月和5月只有0.6 h（图4.18）。种公牦牛日反刍时间也是6月最高（3.5 h），其次为3—4月（约3 h），11月至翌年2月、5月的日反刍时间<1.5 h。种公牦牛在3—4月的日反刍时间显著高于后备母牦牛，但是采食时间却相反。可能的原因是种公牦牛在草场状况比较严酷的春季末期，其采食策略要优于后备母牦牛，单口采食量较高。而且可以通过增加反刍，提高采食干草养分的消化吸收。

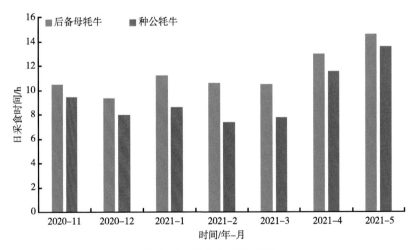

图4.17　牦牛日采食时间

牦牛佩戴的电子耳标感应记录的光照强度变化，一方面受日照影响，另一方面受牦牛行为影响。月平均光照强度数据结果显示从5—9月，光照强度下降，而后光照强度开始升高（图4.19）。光照强度受白昼长短的影响，随着白昼的延长，光照强度记录数据开始时间提前，结束时间推后（图4.20）。在6—10月，中午12:00—14:00，光照强度较其他月份有下降，尤其8月下降明显，这可能是这几个月中午温度较高（图4.20），牦牛不耐热，在这段高温时间背阴坡采食或者休息，因而降低了光照强度。

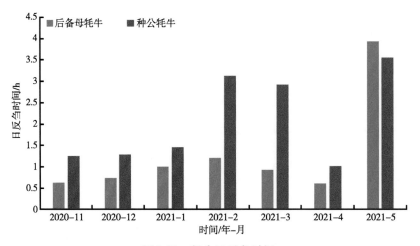

图4.18 牦牛日反刍时间

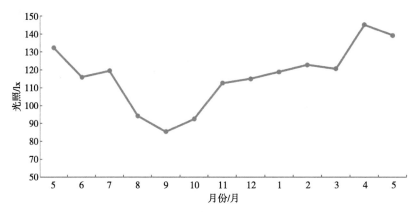

图4.19 不同月份牦牛电子耳标感应光照强度

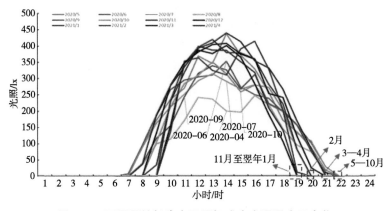

图4.20 不同月份牦牛电子耳标感应光照强度日变化

　　利用牦牛不同月份活动量以及气温和牧草营养数据建立线性回归模型，模型结果显示随着气温的提升，牦牛活动量呈增加趋势（R^2=0.79，图4.21），随着牧草中CP含量的增加，活动量增加，并在高CP含量（18%）时趋于平稳（R^2=0.73，图4.22），并随着牧草纤维含量（NDF、ADF）的降低而降低（图4.23、图4.24）。

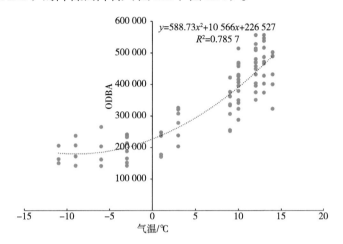

图4.21　牦牛活动量与气温的线性回归模型

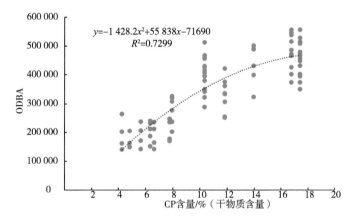

图4.22　牦牛活动量与牧草CP含量的线性回归模型

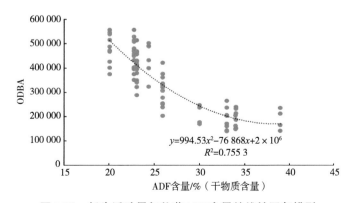

图4.23　牦牛活动量与牧草ADF含量的线性回归模型

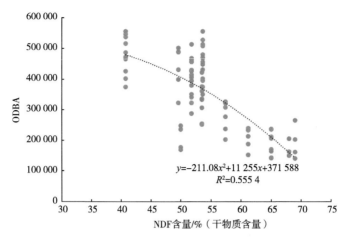

$$y=-211.08x^2+11\,255x+371\,588$$
$$R^2=0.555\,4$$

图4.24　牦牛活动量与牧草NDF含量的线性回归模型

四、三江源有机牧场牦牛智慧行为监测与管理

三江源有机牧场位于青海省河南蒙古族自治县，主要养殖优良地方品种"雪多牦牛"。通过与安乐福（中国）智能科技有限公司合作，首次将该公司研发的SCR家畜行为监控电子耳标应用于放牧牦牛，以实现牦牛智慧化监控与管理。

三江源有机牧场7、8月平均气温最高（13℃），9月开始降低（10℃），10月降低至3℃，11月降至-3℃（图4.25）。7—9月的月平均相对湿度（RH）最高（70%），10—11月降低至60%左右。日变化数据表明各月份湿度在夜间较高，午后降低明显（图4.26）。太阳辐照8月最高，7月次之，从8—11月开始逐渐下降，13:00左右是太阳辐照的高峰时段。

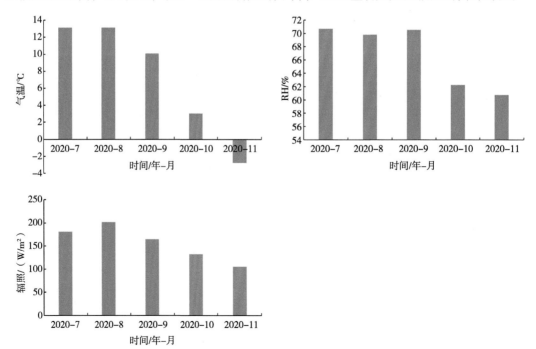

图4.25　三江源有机牧场月平均气温、湿度和辐照

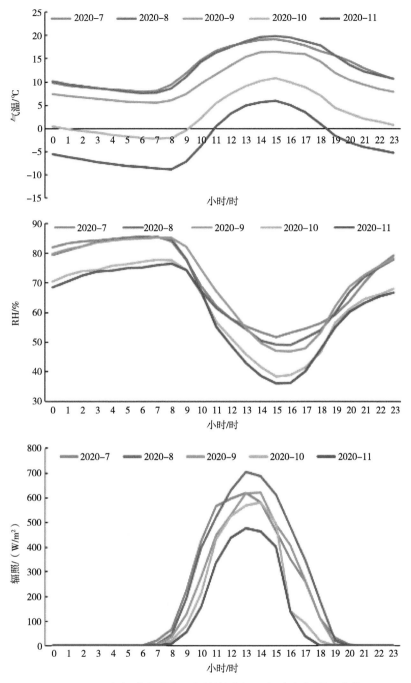

图4.26　三江源有机牧场不同月份气温、湿度和辐照日变化

牦牛在7—11月的日反刍时间没有明显变化（440～480 min），9—10月略高于其他月份（图4.27）。日活动时间在7—8月最高（500～520 min），而后逐渐降低，11月日活动时间为300 min。日变化数据表明牦牛在7—11月的反刍行为比较平稳，10—11月活动时间逐渐降低（图4.28）。

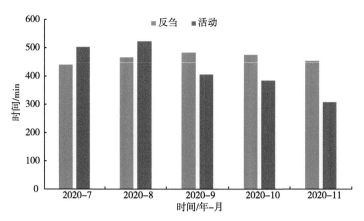

图4.27　牦牛在不同月份的日反刍时间和活动时间

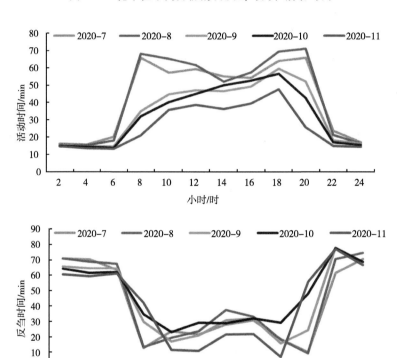

图4.28　牦牛在不同月份的反刍时间和活动时间日变化

牦牛在7—8月出现明显的早晚"双驼峰"活动模式，8:00和20:00是两个活动高峰期，13:00—16:00有所降低，这是由于在7—8月为夏季高温期，早晨和傍晚气候凉爽、舒适，适宜牦牛放牧等活动，而午后气温较高（20℃左右），牦牛相对不耐高温，因此活动减少。而在9—11月，只出现18:00左右一个高峰时段，这是由于9—10月气温降低，而清晨是温度较低的时段，因此随着清晨后气温逐渐回升，牦牛活动增加（图4.29）。日反刍行为与活动行为的变化相反，22:00至翌日6:00为反刍高峰期，14:00左右有一个反刍小高峰。

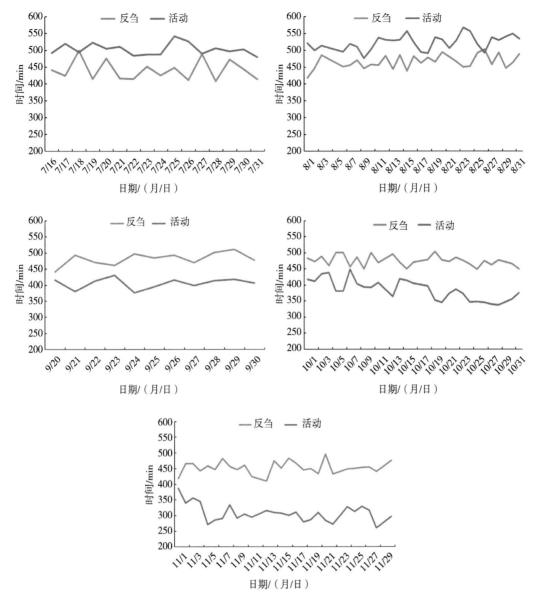

图4.29 牦牛在不同月份反刍和活动行为日变化

牦牛反刍行为与气温和牧草品质的相关性不强（$R^2<0.3$），这主要是因为放牧牦牛需要花费较长时间进行采食，在非采食时间进行反刍，采食量是影响其反刍时间的主要因素，在三江源有机牧场，草场状况相对较好，牦牛采食量不同月份之间变化不大，因此反刍时间没有受到明显影响（图4.30）。而活动行为与气温和牧草CP含量呈明显的正相关（$R^2=0.83$，$R^2=0.84$），而与牧草纤维（NDF、ADF）含量呈负相关（$R^2=0.87$，$R^2=0.68$），这也说明了在气候温和、青绿牧草生长的7—8月，牦牛采食活动比较多，而随着气温的下降，以及牧草枯黄（纤维含量高），牦牛采食活动下降（图4.31）。

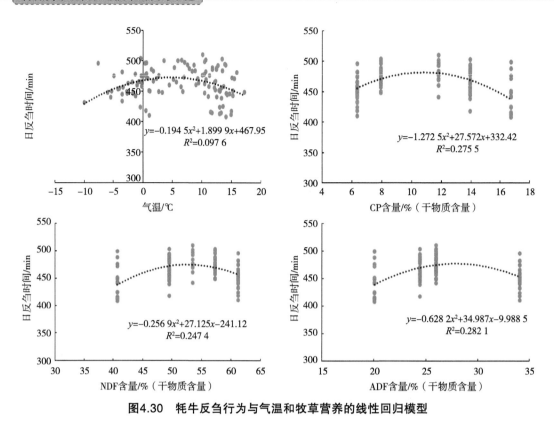

图4.30 牦牛反刍行为与气温和牧草营养的线性回归模型

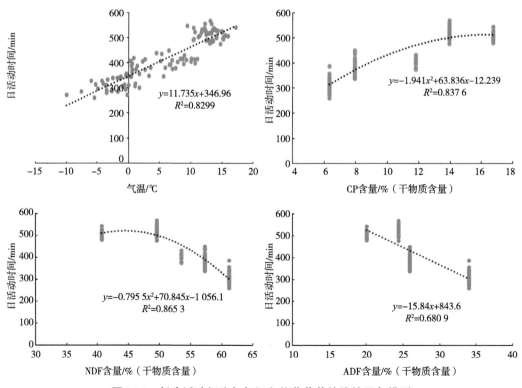

图4.31 牦牛活动行为与气温和牧草营养的线性回归模型

五、湟水河智慧牧场能繁母牛智慧行为监测与管理

湟水河智慧牧场位于西宁湟中区，以繁育西门塔尔肉牛为主要生产目标，牧场以重点养殖能繁母牛为主。通过佩戴德鲁伊智慧行为监控电子耳标，以加速度重力感应数据记录母牛行为，并通过模型和算法解析母牛的活动、采食和反刍等行为，并根据行为特征变化，建立母牛发情预测模型，实现母牛发情实时预测提醒功能，降低人力观测的劳动力投入以及由于漏测错过母牛发情人工授精窗口期造成的生产损失。

湟水河智慧牧场的月均温呈现明显的季节变化，由于测温电子耳标佩戴在牛身上，因此测定温度受牛所处的圈舍等影响，因此，测定温度在冬季应该高于室外实际温度，而夏季低于实际温度，测定结果表明12月至翌年1月为全年最低温期（5℃左右），6—8月为高温期（20℃左右）（图4.32）。繁殖母牛因为全舍饲，在一年不同月份平均活动量变化不是很大，在冬春季节1—4月较其他月份有降低趋势（图4.33）。在不同月份的日平均采食时间也没有明显变化，平均日采食时间为6~7 h，冬春季节略低，夏秋季节略高（图4.34）。而平均日反刍时间相对采食时间季节变化较为明显，从11月开始降低至1月，1—4月处于一年之中日反刍时间较低的时期（5~6 h），4—6月开始逐渐升高，夏秋季日反刍时间平均为8~9 h（图4.35）。

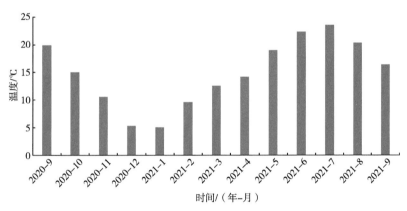

图4.32　湟水河智慧牧场月均温度

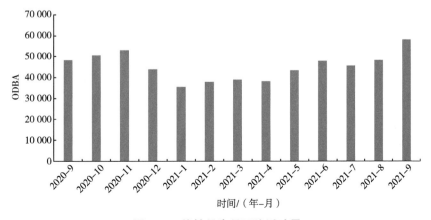

图4.33　能繁母牛月平均活动量

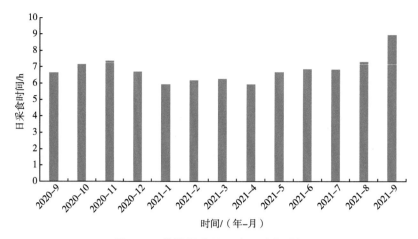

图4.34 能繁母牛月平均日采食时间

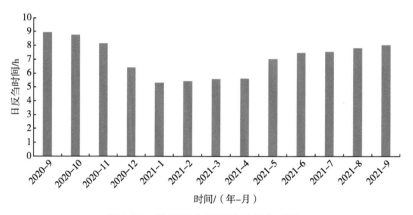

图4.35 能繁母牛月平均日反刍时间

繁殖母牛活动量、采食时间和反刍时间的日变化在一年不同月份没有明显差异（图4.36至图4.38）。活动量和采食时间日变化呈现"双驼峰"模式，9:00—13:00和18:00—21:00分别出现两个高峰期，这受舍饲养殖的饲喂时间影响。而反刍时间日变化刚好与采食时间相反，采食时间的两个"驼峰"在反刍时间日变化中成为两个低谷。

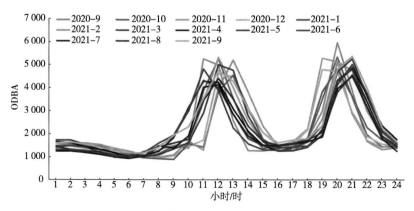

图4.36 能繁母牛不同月份日活动量

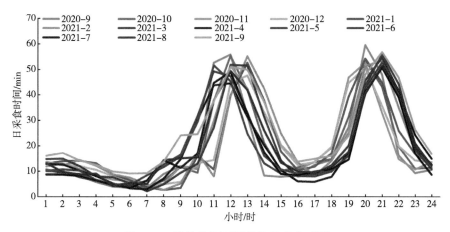

图4.37　能繁母牛不同月份日采食时间

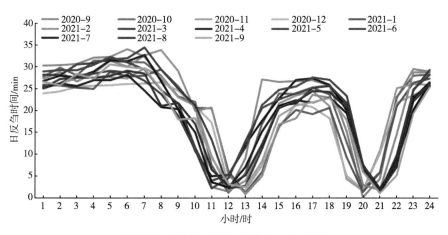

图4.38　能繁母牛不同月份日反刍时间

六、小结

研究结果表明，采用配备有加速度传感器的电子耳标监测放牧牦牛牧食行为软硬件都是可行的。通过实时监测放牧牦牛活动量、采食和反刍行为特征变化，基于后台算法和程序，及时分析异常行为参数，并通过手机App程序及时推送管理人员关注查看，并及时采取相应的管理措施，提高管理精准度和科学性。同时，基于行为数据，与家畜营养和草场状况建立相关模型，通过牦牛行为的变化，及时调整管理措施。建议选取典型示范牧场，集合产学研优势力量，开展智慧化管理长期研发和推广。

第五章 藏羊绿色健康养殖及畜产品精深加工

第一节　冷季藏羊补饲日粮精准配制技术

蛋白质作为动物日粮中重要的营养素之一，是一切生命活动的物质基础，对家畜的生长发育起着重要的调节作用。日粮中的蛋白质成分会被反刍动物瘤胃中的微生物降解产生大量的氨，为合成微生物蛋白质提供必需的氮源，以此为机体提供蛋白质，促进生长发育。研究表明，在冷季对藏系绵羊进行暖棚补饲可以显著提高其生长性能，改善血液生化指标，促进胃肠道发育，增强消化道营养物质转运能力，增加经济效益。但是，关于藏系绵羊后续肉产品产出过程中所面临的屠宰性能、肌纤维特性及肉品质影响的研究鲜有报道。

一、研究地点

研究地点位于柴达木绿洲牧场。

二、研究方法

以藏系绵羊为试验对象，选取18只12月龄健康、平均体重为（31.71±0.72）kg的藏系绵羊为试验动物，随机分为3个处理组，每组6个重复。根据美国国家科学研究委员会（2007）和我国NY/T 816—2021《肉羊营养需要量》配制3种代谢能（ME）相近而CP含量不同的日粮，其代谢能约为10.1 MJ/kg，蛋白质含量分别为10.06%（LP组）、12.10%（MP组）和14.12%（HP组），日粮组成及营养水平详见表5.1。试验为期120 d（预试期15 d，正试期105 d）。系统探究了冷季日粮蛋白质水平对其生长性能、屠宰性能和肉品质的影响，以此为藏系绵羊的科学健康养殖、日粮精准配置和优质肉产品产出提供理论依据和数据支撑。

三、日粮蛋白质水平对藏系绵羊生长性能的影响

通过对饲养试验不同阶段藏系绵羊的活体重、日增重、日采食量和料重比的计算系统评估冷季日粮蛋白质水平对藏系绵羊生长性能的影响。结果如表5.2所示，试验初期各

组间藏系绵羊的初始体重无显著差异（$P>0.05$）；在饲养试验第一阶段结束即第35天时，MP组藏系绵羊的平均日采食量显著高于LP组和HP组（$P<0.05$）；在饲养试验第二阶段结束即第70天时，MP组藏系绵羊活体重显著高于LP组（$P<0.05$），且MP组平均日采食量显著高于LP组和HP组（$P<0.05$），但平均日增重三组之间无显著差异（$P>0.05$）；饲养试验第三阶段结束即正试期第105天时，MP组和HP组藏系绵羊活体重、平均日增重和平均日采食量均显著高于LP组，且料重比显著低于LP组（$P<0.05$）。从饲养试验的整个周期（0～105 d）来看，MP组和HP组藏系绵羊的活体重和平均日增重要显著高于LP组（$P<0.05$）；平均日采食量呈现MP组>HP组>LP组的显著性趋势（$P<0.05$）；且MP组和HP组藏系绵羊的料重比要显著低于LP组（$P<0.05$），且以MP组最低。

表5.1 日粮组成及营养水平

项目（干物质含量）	LP组	MP组	HP组
原料			
玉米	21.00	16.50	12.00
小麦	13.50	12.00	10.50
麦麸	7.00	7.50	8.00
豆粕	3.50	5.50	7.50
菜籽饼	2.50	6.00	9.50
氯化钠	0.50	0.50	0.50
磷酸氢钙	0.30	0.30	0.30
膨润土	0.50	0.50	0.50
碳酸钙	0.45	0.45	0.45
碳酸氢钠	0.25	0.25	0.25
预混料	0.50	0.50	0.50
燕麦草	50.00	50.00	50.00
合计	100.00	100.00	100.00
营养水平			
CP/%	10.06	12.10	14.12
ME/（MJ/kg）	10.14	10.12	10.10
粗脂肪/%	2.72	2.85	2.98
NDF/%	37.47	38.50	39.52
ADF/%	19.14	20.12	21.10
钙/%	0.64	0.66	0.69
磷/%	0.42	0.45	0.48

注：预混料每千克日粮提供维生素A 50 000 IU，维生素D_3 12 500 IU，维生素E 1 000 IU，Cu 250 mg，Fe 12 000 mg，Zn 1 000 mg，Mn 1 000 mg，Se 7.5 mg；ME为计算值，其余营养水平均为实测值。

表5.2 日粮蛋白质水平对藏系绵羊生长性能的影响

项目	LP组	MP组	HP组	SEM	P值
1~35 d					
初始体重/kg	31.6	32.1	31.3	0.17	0.123
终末体重/kg	36.3	38.1	37.2	0.42	0.221
平均日增重/（g/d）	133.8	169.8	167.9	13.26	0.488
平均日采食量/（g/d）	797[c]	926[a]	870[b]	0.01	0.000
料重比	5.99	5.55	5.24	0.33	0.669
36~70 d					
初始体重/kg	36.3	38.1	37.2	0.42	0.221
终末体重/kg	41.4[b]	45.3[a]	42.7[ab]	0.58	0.010
平均日增重/（g/d）	144.8	204.5	155.5	13.12	0.139
平均日采食量/（g/d）	1 268[b]	1 465[a]	1 289[b]	0.03	0.001
料重比	8.74	7.28	8.30	0.27	0.063
71~105 d					
初始体重/kg	41.4[b]	45.3[a]	42.7[ab]	0.58	0.010
终末体重/kg	47.8[b]	55.7[a]	52.8[a]	1.00	0.001
平均日增重/（g/d）	184.3[b]	297.1[a]	291.0[a]	17.39	0.004
平均日采食量/（g/d）	1 518[b]	1 880[a]	1 783[a]	0.04	0.000
料重比	8.39[a]	6.43[b]	6.19[b]	0.35	0.011
1~105 d					
初始体重/kg	31.6	32.1	31.3	0.17	0.123
终末体重/kg	47.8[b]	55.7[a]	52.8[a]	1.00	0.001
平均日增重/（g/d）	154.3[b]	223.8[a]	204.8[a]	9.51	0.002
平均日采食量/（g/d）	1 195[c]	1 424[a]	1 314[b]	23.13	0.000
料重比	7.87[a]	6.33[b]	6.53[b]	0.27	0.033

注：同行无字母或肩标相同字母表示差异不显著（$P>0.05$），不同小写字母表示差异显著（$P<0.05$）。

四、日粮蛋白质水平对藏羊屠宰性能的影响

饲养试验结束时，对藏系绵羊开展屠宰试验以探究日粮蛋白质水平对屠宰性能的影响。结果如表5.3所示，MP组和HP组日粮显著提高了藏系绵羊的宰前活重、胴体重、净肉重和骨重（$P<0.05$）。同时，屠宰率和净肉率也呈现MP组和HP组高于LP组的趋势，但差异不显著（$P>0.05$）。

表5.3 日粮蛋白质水平对藏系绵羊屠宰性能的影响

项目	LP组	MP组	HP组	SEM	P值
宰前活重/kg	47.8[b]	54.0[a]	53.5[a]	0.993	0.002
胴体重/kg	22.20[b]	26.91[a]	26.19[a]	0.747	0.005
屠宰率/%	46.48	49.82	48.97	0.732	0.156
净肉重/kg	17.41[b]	21.05[a]	19.95[a]	0.568	0.009
净肉率/%	36.46	38.96	37.31	0.588	0.224
骨重/kg	4.79[b]	5.86[a]	6.24[a]	0.205	0.001
骨肉比	0.27[b]	0.28[b]	0.31[a]	0.006	0.001

五、日粮蛋白质水平对藏羊背最长肌肌纤维形态特征的影响

屠宰试验时取藏系绵羊背最长肌样品进行肌肉组织石蜡切片的制作和HE染色（苏木精-伊红染色），并置于电子显微镜下测定肌纤维直径、周长、面积和密度等形态学参数。结果如图5.1所示，日粮蛋白质水平显著改变了藏系绵羊背最长肌的肌纤维直径和密度，LP组肌纤维直径显著低于MP组（$P<0.05$），密度显著高于MP组和HP组（$P<0.05$）。

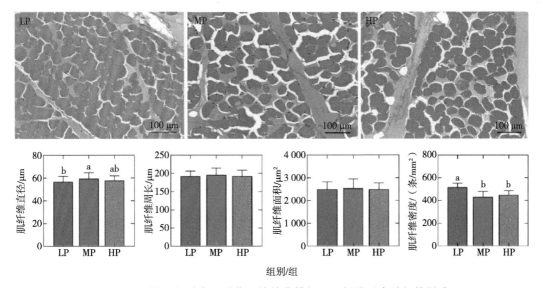

图5.1 日粮蛋白质水平对藏系绵羊背最长肌肌纤维形态特征的影响

六、日粮蛋白质水平对藏系绵羊背最长肌营养物质含量的影响

探究日粮蛋白质水平对藏系绵羊背最长肌中基本营养物质含量的影响。结果如表5.4所示，提高日粮蛋白质水平可以显著提高藏系绵羊背最长肌中粗脂肪的含量，且呈现MP组显著高于LP组的趋势（$P<0.05$），而肌肉中干物质、CP和粗灰分含量并没有受到日粮蛋白质水平的显著影响（$P>0.05$）。

表5.4　日粮蛋白质水平对藏系绵羊背最长肌营养成分的影响

项目	LP组	MP组	HP组	SEM	P值
干物质/%	24.09	26.39	24.86	0.465	0.113
CP/%	18.63	19.38	19.27	0.205	0.287
粗脂肪/%	2.48[b]	3.43[a]	2.68[ab]	0.169	0.033
粗灰分/%	1.02	1.09	0.99	0.024	0.236

使用全自动氨基酸分析仪对藏系绵羊背最长肌中的17种氨基酸进行含量测定，氨基酸色谱图如图5.2所示。对测定结果进行统计分析，结果如表5.5所示，藏系绵羊背最长肌中仅脯氨酸的含量受到了日粮蛋白质水平的显著影响，呈现HP组显著高于LP组和MP组的趋势（$P<0.05$），而日粮蛋白质水平并没有对其余16种氨基酸和总氨基酸含量产生显著性影响（$P>0.05$）。

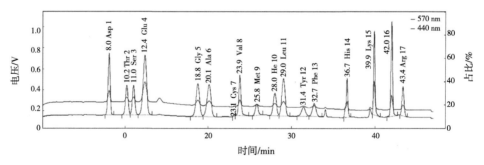

图5.2　藏系绵羊背最长肌氨基酸色谱图

注：Asp为天冬氨酸；Thr为苏氨酸；Ser为丝氨酸；Glu谷氨酸；Gly为甘氨酸；Ala为丙氨酸；Cys为半胱氨酸；Val为缬氨酸；Met为蛋氨酸；Ile为异亮氨酸；Leu为亮氨酸；Tyr为酪氨酸；Phe为苯丙氨酸；His为组氨酸；Lys为赖氨酸；Pro为脯氨酸；Arg为精氨酸。

表5.5　日粮蛋白质水平对藏系绵羊背最长肌氨基酸含量的影响

项目	LP组/%	MP组/%	HP组/%	SEM	P值
苏氨酸	3.89	3.77	4.03	0.05	0.101

续表

项目	LP组/%	MP组/%	HP组/%	SEM	P值
缬氨酸	4.26	4.13	4.19	0.04	0.495
蛋氨酸	2.15	2.21	2.22	0.04	0.821
异亮氨酸	4.13	4.02	4.15	0.05	0.582
亮氨酸	6.96	6.83	7.16	0.09	0.325
苯丙氨酸	3.51	3.46	4.03	0.14	0.208
组氨酸	4.20	3.88	3.84	0.09	0.197
赖氨酸	7.29	7.55	7.58	0.09	0.393
天冬氨酸	7.80	7.64	8.00	0.09	0.284
丝氨酸	3.29	3.18	3.44	0.05	0.050
谷氨酸	14.77	14.22	15.00	0.19	0.235
甘氨酸	3.51	3.44	3.62	0.05	0.255
丙氨酸	4.82	4.70	4.90	0.06	0.365
半胱氨酸	0.23	0.18	0.16	0.02	0.236
酪氨酸	3.04	2.91	3.40	0.12	0.249
精氨酸	5.14	4.92	5.32	0.08	0.159
脯氨酸	2.75[bc]	2.73[b]	2.98[a]	0.04	0.004
必需氨基酸	36.38	35.85	37.20	0.31	0.218
非必需氨基酸	45.36	43.90	46.82	0.56	0.091
总氨基酸	78.99	77.02	81.04	0.82	0.134

七、小结

通过日粮蛋白质水平对藏系绵羊生长性能、屠宰性能和肉品质影响的研究发现，提高日粮蛋白质水平可以显著增强藏系绵羊的活体重、日增重等生长性能和胴体重、净肉重、骨重等屠宰性能。提高日粮蛋白质水平还可以提升藏系绵羊背最长肌的肌纤维直径和粗脂肪含量。另外，研究发现藏系绵羊背最长肌中氨基酸种类丰富、含量较高且不会受到日粮蛋白质水平的显著影响。

第二节　日粮蛋白质水平对藏羊瘤胃微生物区系和代谢产物的影响

反刍动物的消化道中栖息着数量庞大且种类丰富的微生物，包括纤维素降解菌、淀粉降解菌等细菌，产甲烷菌等古菌，以及大量的原虫和真菌等。这些微生物通过相互作用，共同保持消化道内环境的相对稳定，在宿主对营养物质的消化吸收、能量代谢和生理健康等方面起到重要的作用。其中瘤胃作为反刍动物消化道中的重要发酵器官，在大量微生物的协同作用下，可以高效率地对宿主所摄入的营养物质进行降解，产生大量能量为机体的各项生命活动供能，并对机体的健康维持起着重要的作用。

反刍动物瘤胃内除了细菌、真菌和原虫等微生物外，其代谢产物也是动物营养学与畜牧科学研究中非常重要的一部分。作为系统生物学和整合生物学的重要产物和分支，代谢组学的研究对象是生物机体受到扰动后代谢表达的最终端产物，可以灵敏地反映机体的生理状态和病理特征。在动物营养学研究中，代谢组学的意义在于可以全面准确地掌握日粮中各种营养成分被家畜消化后其代谢产物的变化过程，从而达到探究其营养代谢机制和调控作用方式的目的。使用气相色谱-质谱联用（GC-MS）技术解析藏系绵羊瘤胃内的代谢产物，探究各类代谢产物对日粮蛋白质水平的响应变化。另外，选取发生显著变化的代谢物与瘤胃细菌优势菌群进行Spearman相关分析，探究藏系绵羊瘤胃微生物与代谢产物的关联性。

一、研究地点

研究地点位于柴达木绿洲牧场。

二、研究方法

1. 瘤胃微生物结构

以细菌16S rRNA基因的V3～V4高变区和真菌的ITS1高变区作为分子标记，利用NovaSeq测序平台对藏系绵羊瘤胃细菌和真菌群落进行高通量测序及生物信息学分析，解析藏系绵羊瘤胃细菌和真菌菌群结构特征，并探究日粮蛋白质水平对藏系绵羊瘤胃细菌和真菌的菌群多样性、菌群组成及功能的影响。试验设计与分组方法、与本章第一节相同。

2. 瘤胃代谢产物分析

对不同蛋白质水平日粮处理的18个藏系绵羊瘤胃液样品进行GC-MS代谢组学测定，其代谢物色谱图共鉴定出411个特征谱峰。将特征谱峰与KEGG等商业数据库进行代谢产物的比对和鉴定，3组18个样品共有189个代谢物被鉴定和量化。

三、日粮蛋白质水平对绵羊瘤胃微生物的影响

1. 16S rRNA V3～V4测序数据量与质量

本试验共对3组18个瘤胃液样品进行了16S rRNA V3～V4区测序分析，测序后共获得了2 144 910条原始序列，平均每个样品89 371条原始序列，经筛选、质控，剔除低质量序列后共获得2 046 323条有效序列，平均每个样品85 263条有效序列。基于非聚类去噪法对18个样品的测序结果进行ASV聚类，共得到3 921个ASV。测序数据聚类后，通过绘制稀疏曲线（Rarefaction curve）来评判每个样本的当前测序深度是否足够反映该群落样本所包含的微生物多样性。在本试验的测序结果中，18个样品的稀释曲线均趋于平坦，说明此时的数据量渐近合理，测序深度已经有足够的覆盖率，测序结果能够较好地描述微生物的结构组成，可以进行下一步分析。

2. 瘤胃细菌α多样性

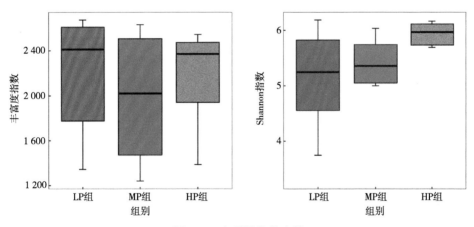

图5.3 α多样性指数比较

瘤胃细菌的多样性可以用菌群的丰富度和均匀度指数来解释，基于测序结果的ASV特征表对藏系绵羊瘤胃细菌的α多样性进行比较分析。结果如图5.3所示，日粮蛋白质水平并没有对藏系绵羊瘤胃细菌菌群的丰富度指数和Shannon指数造成显著性影响（P>0.05）。

3. 瘤胃细菌群落差异分析

为了探究日粮蛋白质水平对藏系绵羊瘤胃细菌菌群组成的影响，对瘤胃细菌的物种组成及优势菌群的相对丰度进行比较分析。分别选择在门分类水平和属分类水平上相对丰度排名前10位的菌群，如图5.4。在门分类水平上，10个相对丰度较高的细菌菌门分别为拟杆菌门（Bacteroidetes）（54.37%～59.58%）、厚壁菌门（Firmicutes）（21.68%～26.10%）、变形菌门（Proteobacteria）（8.81%～18.46%）、放线菌门（Actinobacteria）（0.27%～4.78%）、软壁菌门（Tenericutes）（0.23%～0.36%）、螺旋体门（Spirochaetes）（0.07%～0.15%）、Saccharibacteria（0.06%～0.10%）、Candidate_division_SR1（0.02%～0.35%）和纤维杆菌门（Fibrobacteres）（0.04%～0.48%）等。

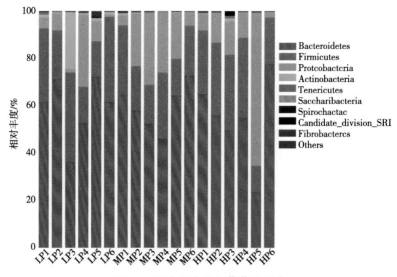

图5.4 门水平瘤胃细菌菌群组成

4. 瘤胃细菌差异菌群的LEfSe分析

通过LEfSe对各个分类水平上相对丰度有显著差异的微生物进行比较分析。结果如图5.5所示，共鉴定到24个符合生物标记物的细菌菌群（LDA score>3.0），其中LP组中有15个，包括拟杆菌目BS11肠道菌群（Bacteroidales_BS11_gut_group）、普雷沃氏菌属7（*Prevotella_7*）、放线菌门（Actinobacteria）、红蝽菌纲（Coriobacteriia）、红蝽菌科（Coriobacteriaceae）等；MP组中有3个，包括韦荣氏菌科（Veillonellaceae）、罗氏菌属（*Roseburia*）和韦荣球菌科_UCG-001（Veillonellaceae_UCG-001）；HP组中有6个，包括Candidate_division_SR1、瘤胃球菌科_UCG-014（Ruminococcaceae_UCG-014）、瘤胃球菌科_UCG-001（Ruminococcaceae_UCG-001）等。

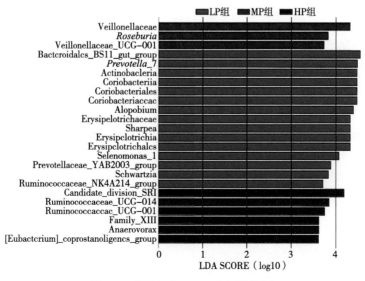

图5.5 差异细菌LEfSe分析柱状图

5. 瘤胃细菌菌群功能预测分析

使用PICRUSt在线服务器（http://huttenhower.sph.harvard.edu/galaxy）对藏系绵羊瘤胃中鉴定到的细菌菌群进行功能预测分析。结果如图5.6所示，在KEGG Level 1上共富集到6个功能组分，包括代谢（49.93%~50.02%）、遗传信息处理（21.46%~21.72%）、环境信息处理（9.72%~10.61%）、细胞进程（1.99%~2.13%）、人类疾病（0.79%~0.81%）和有机系统（0.72%~0.73%）。另外，在KEGG Level 2上对菌群的功能进行进一步富集分析发现碳水化合物代谢（10.21%~10.57%）、氨基酸代谢（10.44%~10.64%）、复制与修复（9.42%~9.52%）、膜转运（8.44%~9.35%）、翻译（6.85%~6.99%）和能量代谢（6.65%~6.89%）是藏系绵羊瘤胃细菌菌群功能中最主要的组分。

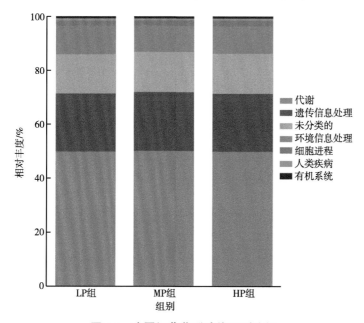

图5.6　瘤胃细菌菌群功能预测分析

研究以细菌16S rRNA基因的V3~V4高变区作为分子标记，利用NovaSeq测序平台对藏系绵羊瘤胃细菌群落进行高通量测序及生物信息学分析，探究日粮蛋白质水平对藏系绵羊瘤胃细菌菌群结构和组成的影响。结果发现，藏系绵羊瘤胃细菌的优势菌门为拟杆菌门、厚壁菌门和变形菌门等，优势菌属为普雷沃氏菌属1、理研菌科RC9肠道群和普雷沃氏菌科UCG-001等，这些细菌的生物功能主要涉及碳水化合物代谢和氨基酸代谢等。同时，发现藏系绵羊瘤胃细菌的多样性及优势菌群的相对丰度均没有受到日粮蛋白质水平的显著影响。

6. OPLS-DA及置换检验结果

利用SIMCA软件对标准化数据模型进行正交偏最小二乘法判别分析，最大化地凸显模型内部与预测主成分相关的差异，更好地区分不同处理组间差异，提高模型的有效性和解析能力。使用OPLS-DA分析对第一和第二主成分进行建模，模型的质量用四次交叉验证进行置换检验，并用交叉验证后得到的R^2Y值（代表Y变量的可解释度）和Q_2值（代表模型的预测性）对模型有效性进行评判。从图5.7中OPLS-DA分析结果可以看出，不同处理组样品两两间均可被明显区分开，根据置换检验的结果可以看出R^2和Q_2值均较高，LP *vs* MP、LP *vs* HP和MP *vs* MP相应OPLS-DA模型的R^2Y值分别为0.993、0.996和0.996，说明模型稳定且有较强的预测性（图5.7）。

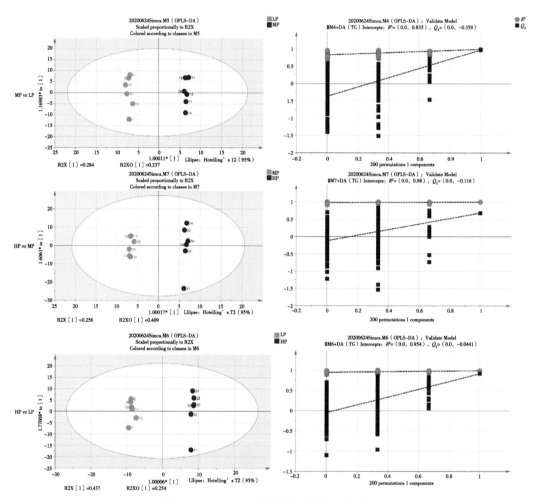

图5.7　OPLS-DA模型的置换检验及验证

四、日粮蛋白质水平对藏羊代谢差异的影响

1. 差异代谢物的筛选

为筛选由于日粮蛋白水平改变引起的瘤胃差异代谢物，本试验以OPLS-DA模型第一主成分的VIP值（VIP>1）结合t检验的P值（$P<0.05$）作为判定标准和筛选阈值寻找两两处理组之间的差异代谢物。通过对三个不同蛋白质水平日粮处理组之间进行两两比较，共鉴定到103个差异代谢物。如图5.8所示，以聚类热图的形式进行可视化展示。

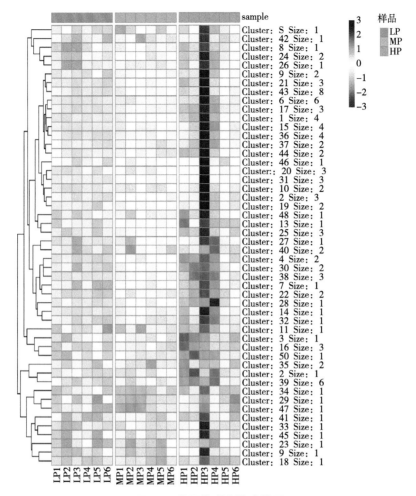

图5.8　差异代谢物聚类热图

其中，在HP组和LP组间共筛选到65个差异代谢物（VIP>1，P<0.05），均呈现HP组>LP组的趋势。这些差异代谢物主要包括β-丙氨酸、羟基丙二酸、5-羟基吲哚-3-乙酸、甘氨酸、O-磷酸乙醇胺、甘露糖、苯丙氨酸、阿洛糖、氢化肉桂酸和1-茚醇等。

在MP组和LP组之间共筛选到80个差异代谢物（VIP>1，P<0.05），均呈现HP组>LP组的趋势。这些差异代谢物主要包括吡咯-2-羧酸、1-茚醇、吲哚-3-乙酸、3-羟基棕榈酸、2,2-二甲基琥珀酸、Maleamate、3-羟基正缬氨酸、羟胺、4-甲基邻苯二酚和水杨酸等。

在HP组和MP组间共筛选到14个差异代谢物（VIP>1，P<0.05），均呈现HP组>MP组的趋势。这些差异代谢物主要包括甘露糖、阿洛糖、5-羟基吲哚-3-乙酸、羟基丙二酸、苯乙胺、1-茚醇、麦芽糖、麦白糖、3-羟基棕榈酸、丙酮酸、异肌醇、氢化肉桂酸、2-甲基戊二酸和甲硫氨酸亚砜。

2. 差异代谢物的功能富集

基于VIP>1和P<0.05为阈值条件筛选到的103个差异代谢物，结合KEGG数据库进行代谢通路的功能富集分析。结果发现103个差异代谢物共鉴定到47个代谢通路，以P<0.05为

筛选条件进行关键代谢通路的筛选。如图5.9所示，共筛选到7个关键代谢通路，包括胺酰tRNA生物合成（P=0.001），丙氨酸、天冬氨酸和谷氨酸代谢（P=0.003），乙醛酸和二羧酸代谢（P=0.023），磷酸戊糖途径（P=0.025），精氨酸生物合成（P=0.033），氮代谢（Nitrogen metabolism）（P=0.035）和D-谷氨酰胺和D-谷氨酸代谢（P=0.035）。

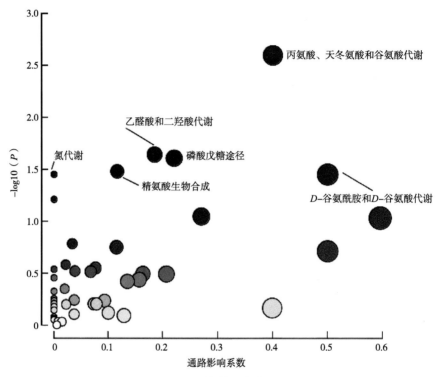

图5.9 代谢通路分析

3. 瘤胃微生物与代谢产物关联分析

选择藏系绵羊瘤胃中属分类水平相对丰度前10位的细菌，结合VIP>1.5和$P<0.05$筛选到的瘤胃差异代谢物进行两者之间的Spearman相关性分析。细菌的优势菌属与差异代谢物的相关性如图5.10所示。其中，代谢物甲基丙二酸与克里斯滕森菌科_R7群（Christensenellaceae_R7_group）（R=0.768，$P<0.01$）和瘤胃球菌科_UCG-014（Ruminococcaceae_UCG_014）（R=0.697，$P<0.01$）的相对丰度显著正相关；D-甘油酸与瘤胃球菌科_NK4A214群（Ruminococcaceae_NK4A214_group）（R=0.648，$P<0.01$）和瘤胃球菌科_UCG-014（Ruminococcaceae_UCG_014）（R=0.642，$P<0.01$）的相对丰度显著正相关；缬氨酸与克里斯滕森菌科_R7群（Christensenellaceae_R7_group）（R=0.612，$P<0.01$）和瘤胃球菌科_UCG-014（Ruminococcaceae_UCG_014）（R=0.633，$P<0.01$）的相对丰度显著正相关；甘氨酸与理研菌科RC9肠道群（Rikenellaceae_RC9_gut_group）的相对丰度显著正相关（R=0.601，$P<0.01$）。

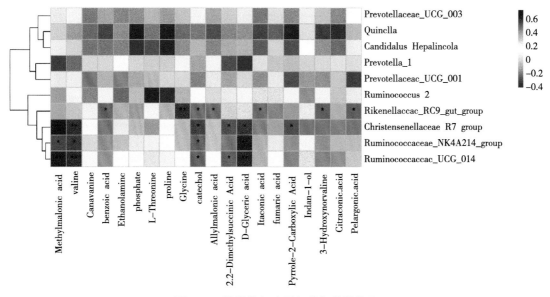

图5.10 代谢物与瘤胃细菌相关性热图

五、小结

研究使用气相色谱–质谱联用技术解析了藏系绵羊瘤胃内的代谢产物，并探究了各类代谢产物对日粮蛋白质水平改变的响应，另外，选取相对丰度较高的细菌菌属与差异显著代谢物进行关联分析，探究了藏系绵羊瘤胃微生物与代谢物的相关性。结果发现，随着日粮蛋白质水平的升高，瘤胃内氨基酸（β-丙氨酸、甘氨酸、苯丙氨酸等）、碳水化合物（甘露糖、阿洛糖、麦芽糖等）和有机酸（5-羟基吲哚-3-乙酸、氢化肉桂酸等）物质的浓度也随之升高，且这些差异代谢物主要富集到了碳水化合物和氨基酸代谢通路上。另外，研究结果还发现藏系绵羊瘤胃微生物和代谢产物存在着一定程度地相互作用关系，协同调节瘤胃的内环境稳态和机体的营养代谢水平。

第三节 藏羊异地（安徽定远）适应性及育肥研究

藏羊属藏系绵羊，属青藏高原高海拔地域的特色畜种，是我国三大原始绵羊品种之一。据相关数据统计，目前我国藏羊总存栏量3 000多万只，其中青海省藏羊存栏量约1 000万只，占全国总存栏数量的40%，位列首位。依据其生产性能、体型外貌和地理位置，青藏地区藏羊可分为高原型、欧拉型和河谷型三类。藏羊具有耐粗饲、抗寒、抗病力强、屠宰率和净肉率高等特点，拥有独特的生物学和经济特性，对促进当地牧区区域经济发展发挥着关键作用（赵有璋，2013）。

由于欧拉型藏羊合群性强、行动敏捷，喜爱游牧，对牧草选择性较广泛，可充分利用草地资源，将饲养成本最低化，且可识别有害草种。充分说明欧拉型藏羊对放牧环境具有良好的适应性。为了充分利用欧拉型藏羊的品种特性，牛小莹等（2011）在现状调查的基础上，将30只欧拉型种公羊从玛曲县投放到卓尼县（半农半牧区）进行适应性研究，旨在进一步加快家畜品种改良，推动甘南州藏羊产业的发展，增加当地牧民的经济效益。观察显示，欧拉羊种公羊在半农半牧区放牧，采食、站立游走、饮水、卧息等行为皆正常。测定指标显示，其生长发育良好，体重、体尺符合藏羊标准；呼吸频率、体温、心率均处于正常范围；血液生化指标红细胞、血红蛋白含量随环境的影响而改变，处于正常范围之内。结果表明：欧拉型藏羊引进到卓尼县半农半牧区域后，表现出良好的适应性，同时充分发挥出欧拉羊的品种优势。

由于青藏高原具有海拔高、氧浓度低、冬季漫长、土地贫瘠等特征，导致草原生态环境脆弱，草地生产力低下，牧草盛产期持续时间远低于枯草期，这不仅难以满足藏羊、牦牛等家畜放牧的营养需求，而且导致草畜矛盾日益激烈。近年来，随着人口和家畜数量的快速增长带动了青藏高原草地畜牧业的迅速发展（干珠扎布等，2019）。草原畜牧业在藏族人民的生活中占有特殊的地位，是牧民经济收入的主要来源，同样青藏高原隶属于中国五大牧区，是世界上最大的放牧生态系统之一，约有家畜7 000万头/只，其中牦牛约1 300万头，藏绵羊约5 000万只（田莉华等，2016）。高寒草地畜牧业发展是青藏高原长治久安的重要产业，而如何缓解高寒草原退化、应对草原禁牧政策、维持畜牧业发展和牧民的生活需要等诸多问题，这就要求我们必须探索符合新时代新型生态畜牧业发展模式。

藏羊原产于中国青藏高原地区，其中青海省是藏羊的主产区。藏羊具有耐粗饲，抗寒、抗病力强、产肉性能好、屠宰率和净肉率高等特点，是青藏高原上最重要的家畜之一，在促进牧区经济发展中发挥着关键作用。近年来，藏羊冬春季体重负增长问题成为亟待解决的产业发展瓶颈。越来越多的研究人员试图为藏羊产业发展寻找新的突破口。例如：李兵等在冬春季将藏羊从甘南地区运输到临洮地区进行异地饲养，为了研究不同饲料对藏羊生长性能的影响，将12只羔羊随机分为对照组和试验组开展为期3个月的育肥饲养试验。藏羊根据分组选择当地饲料（玉米黄贮）和配合饲料（精粗料比4∶6）之一来分开饲喂；结果表明，试验组在玉米黄贮基础上添加了适量的精料，使得营养成分和适口性较对照组均有所提高，因此藏羊宰前活体重、胴体重等均明显高于对照组藏羊；说明异地农区育肥，饲料添加适量精料，有利于提高饲料转化率，提高牧民经济效益。而对照组藏羊，虽平均日增重呈负增长趋势，即使机体营养摄入量低，但对比原产地藏羊难以过冬的现象，异地育肥藏羊可以安全过冬，表明了异地育肥的可行性（李兵，2012）。为了研究不同日粮配方对藏羊生长性能和经济效益对比分析，将甘南地区2岁藏羊依据日粮的不同随机分成3组开展异地育肥试验，结果表明，因各组饲料成本不同，其经济效益也不同，但各组藏羊平均日增重均呈正增长趋势，充分证明了异地育肥对藏羊增重效果显著。江淮分水岭地区地处暖温带与亚热带的过渡带，年均降水量900～1 000 mm，雨水相对充沛，拥有大量草贮备，且该地区对羊肉需求量大而稳定（赵有璋，2013）。然而，该地区藏羊养殖的相关研究尚未见报道。因此，本章节通过将藏羊从青海省海南藏族自治州引入安徽省江淮分水岭区域，开展藏羊异地育肥试验，旨在通过充分利用安徽省丰富的农作物秸秆和饲草料资源，探索提升藏羊生产效益的新途径。

一、研究地点

试验地点位于安徽省滁州市定远县西卅店镇安徽农业大学江淮分水岭试验站，位于江淮分水岭地区，地理位置为北纬32°57′10.5″，东经117°50′38.9″，海拔71.7 m。该地区属北温带向北亚热带过渡的气候，年均气温15.2℃，昼夜温差小，年均降水量934 mm，无霜期年平均220 d。

二、研究方法

引进健康、无病约12月龄藏羊25只为试验动物，投放到安徽省滁州市定远县安徽农业大学江淮分水岭试验站内（试验期间）。将25只藏羊分组，其中藏系公羊5只（TRS组）、藏系母羊5只（TES组）、藏系羯羊5只（TWS组）、欧拉公羊5只（ERS组）、欧拉母羊5只（EES组）。在清晨安静状态下，分别在引入后1 d、5 d、10 d、20 d、30 d、55 d、80 d、200 d、400 d测定空腹试验藏羊的体温、呼吸频率和心率，并用非抗凝管和抗凝管采集血液检测血液生理生化指标。

试验动物采用露天圈舍饲养，试验日粮组成为玉米15.00%、豆粕6.75%、麦麸3.25%、甜高粱青贮58.33%（干物质基础）和稻草秸秆16.67%，采用自由采食和饮水的饲喂方法，于每天8:30和16:30分2次饲喂。在试验期间，每天08:00投喂前准确称量试验藏羊剩料量，计算平均日采食量（ADFI）。

分别于1 d、30 d、55 d和80 d早晨空腹称量每头藏羊体重，并计算平均日增重。测量前，将电子秤校正后进行测量记录，连续测量两天求取平均值。记录藏羊日采食量，计算每只试验动物饲料成本，通过饲养前后体重数据核算经济效益。经济效益（元/只）=相对产出-饲料成本。相对产出=（饲养后体重-饲养前体重）×羊肉价格（80元/kg）。

三、藏羊低海拔生理生化指标

由表5.6可知，在引种后1 d、200 d、400 d，各处理组藏羊心率有显著差异（$P<0.05$），其他时间点各组间无显著差异（$P>0.05$）。TRS组藏羊心率在引种后30 d、55 d、80 d、200 d时比1 d显著提高（$P<0.05$），TES组在引种后20 d、30 d、55 d、80 d、200 d时比1 d显著提高（$P<0.05$），TWS组在引种后5 d与1 d无显著差异（$P>0.05$）。在引种后200 d，各处理组藏羊呼吸频率有显著差异（$P<0.05$），其他时间点各组间无显著差异（$P>0.05$）。TRS组、ERS组和EES组藏羊在引种后200 d与1 d有显著差异（$P<0.05$），TES组在引种后10 d、200 d时比1 d显著提高（$P<0.05$），TWS组在引种后10 d、20 d、200 d时比1 d显著提高（$P<0.05$），其他时间点与1 d无显著差异（$P>0.05$）。在引种后1 d，各处理组藏羊体温有显著差异（$P<0.05$），其他时间点各组间无显著差异（$P>0.05$）。TRS组藏羊体温在引种后10 d、20 d、55 d、80 d、200 d与1 d

显著差异（$P<0.05$），TRS组、TWS组、ERS组和EES组藏羊在引种后200 d与1 d显著差异（$P<0.05$），其他时间点各组间无显著差异（$P>0.05$）。

表5.6　藏羊生理指标

项目	分组	引种后天数									SEM
		1	5	10	20	30	55	80	200	400	
心率/（次/min）	TRS	76.0[wxyb]	85.8[b]	84.8[ab]	95.7[ab]	103.9[a]	100.4[a]	99.0[a]	118.6[xa]	81[wb]	4.44
	TES	72.0[wxb]	79.8[b]	80.4[b]	95.9[a]	95.1[a]	91.1[a]	99.2[a]	138.6[wa]	70.4[xb]	6.87
	TWS	59.4[yb]	65.0[b]	70.4[a]	91.5[a]	98.8[a]	97.1[a]	98.8[a]	120[xa]	69.8[xa]	6.76
	ERS	63.8[xyb]	65	84.4	93	98.6	95.5	100.3	129[wxa]	68.6[x]	7
	EES	81.67[w]	73.4	80.3	90.7	101.8	91	99.3	103.6[x]	64.6[x]	4.46
呼吸频率/（次/min）	TRS	38[b]	46	40.9	41.1	30.13	33.33	26.4	142.4[wa]	27.3	12.01
	TES	37.4[b]	49.2[ab]	63.9[a]	49.2[ab]	38.4[b]	35.6[b]	31.8[b]	122.6[xa]	30.2[b]	9.63
	TWS	27.2[b]	35.6[ab]	56.7[a]	56.8[a]	38.3[ab]	35.5[ab]	29.8[b]	125[xa]	28.3	10.3
	ERS	31.5[b]	48.7	40.5	44	31.2	34.3	33.7	133[wxa]	23.4	11.08
	EES	33.3[b]	32.7	37.8	33	27.7	28.8	32.8	121.8[xa]	32	10
体温/℃	TRS	38.9[wxb]	38.9[b]	39.6[a]	39.4[a]	39.1[ab]	39.4[a]	39.5[a]	39.6[a]	39.1[ab]	0.1
	TES	39.2[wb]	38.9	39.5	39.4	39.3	39.5	39.5	39.8[a]	39.0	0.1
	TWS	38.6[xb]	38.9	39.3	39.4	39.2	39.3	39.3	39.7[a]	39.0	0.1
	ERS	38.6[xb]	38.6	39.2	38.8	38.9	39.6	39.2	39.6[a]	38.9	0.12
	EES	38.9[wxb]	39	39.5	39.3	39.1	39	39	39.9[a]	38.7	0.12

注：同一指标同行数据上标a～e表示该采样时间之间差异显著，分别表示$P<0.05$；同一指标同列数据上标w～z表示该时间点组间差异显著（$P<0.05$）。

由表5.7可知，在引种后80 d，各处理组藏羊ALT有显著差异（$P<0.05$），其他时间点各组间无显著差异。TRS组藏羊引种后10 d、20 d比1 d显著降低（$P<0.05$），ERS组藏羊引种后20 d比1 d显著降低（$P<0.05$），其他时间点与1 d无显著差异（$P>0.05$）。在引种后10 d、30 d、80 d，各处理组藏羊AST有显著差异（$P<0.05$），其他时间各组间无显著差异。TRS组藏羊在引种后10 d，20 d比1 d显著降低（$P<0.05$），ERS组在引种后5 d、10 d、20 d比1 d显著降低（$P<0.05$），EES组在引种后55 d比1 d显著升高（$P<0.05$）。在引种后1 d，各处理组藏羊ALP有显著差异（$P<0.05$），其他时间各组间无显著差异。TRS组藏羊在引种后20 d显著低于1 d，55 d显著高于1 d（$P<0.05$），ERS组藏羊在引种后55 d显著高于1 d（$P<0.05$），TWS组和EES组各时间点与1 d无显著差异（$P>0.05$）。TRS组藏羊TP在引种后10 d、20 d和80 d显著低于1 d（$P<0.05$），TES组藏羊各时间点与1 d无显著差异（$P>0.05$），TWS组藏羊在引种后10 d和20 d显著低于1 d（$P<0.05$），ERS组藏羊在引种后5 d、10 d、20 d、55 d和80 d显著低于1 d（$P<0.05$），EES组藏羊在引种后30 d和55 d显著高于1 d（$P<0.05$），其他时间与1 d无显著差异（$P>0.05$），各时间点各组间差异不显著（$P>0.05$）。TWS组、ERS组和EES组藏羊GLU在引种后30 d、55 d和80 d显著高于1 d（$P<0.05$），TES组藏羊在引种后10 d、20 d、30 d、55 d和80 d显著高于1 d（$P<0.05$），其他时间点与1 d无显著差异（$P>0.05$），各时间点各组间差异不显著（$P>0.05$）。在引种后1 d，各处理组藏羊TC有显著差异（$P<0.05$），其他时间各组间无显著差异。TRS组、TWS组和ERS组藏羊各时间点均显著低于1 d（$P<0.05$），TES和EES组藏羊在引种后10 d、20 d、30 d、55 d、80 d显著低于1 d（$P<0.05$）。在引种后20 d、30 d、55 d、80 d，各处理组藏羊LDH有显著差异（$P<0.05$），其他时间各组间无显著差异。TRS组藏羊在引种后20 d显著低于1 d（$P<0.05$），TES组藏羊在引种后55 d、80 d显著高于1 d（$P<0.05$），TWS组藏羊在引种后20 d显著低于1 d（$P<0.05$），55 d和80 d显著高于1 d（$P<0.05$），ERS组藏羊在引种后10 d、20 d显著低于1 d（$P<0.05$），EES组藏羊在引种后55 d和80 d显著高于1 d（$P<0.05$），其他时间点与1 d无显著差异（$P>0.05$）。

表5.7　藏羊血液生化指标

项目	分组	引种后天数/d							SEM
		1	5	10	20	30	55	80	
ALT/（U/L）	TRS	26.60[ab]	21.98[ab]	19.02[b]	19.35[b]	23.73[ab]	29.86[a]	28.26[ya]	1.16
	TES	25.62	24.26	20.78	23.38	29.84	36.4	33.2[xy]	1.65
	TWS	29.94	23.12	25.24	22.64	23.53	39.98	31.08[y]	2.48
	ERS	43.62[b]	29.4	28.03	13.64[a]	43.62	29.4	43.52[wx]	4.26
	EES	30.97	26.7	21.6	20.73	30.96	26.67	48.2[w]	3.48
AST/（U/L）	TRS	157.1[a]	116.1[ab]	104.3[xb]	123.8[b]	114[xab]	155.2[a]	153.3[wa]	5.83
	TES	158.0[ab]	119[b]	126.3[xb]	129.8[b]	155.3[wab]	179.6[a]	182.7[wxa]	6.53
	TWS	197.7	140.4	157.3[w]	133.7	147.6[w]	198.4	170[wx]	7.49
	ERS	180.1[ab]	136.9[cd]	125.4[xd]	108.8[d]	145.6[wbcd]	170.4[abc]	201.7[wa]	12.38
	EES	153.2[bc]	123.2[c]	115.3[xc]	126.6[c]	151.4[wbcd]	233.9[a]	207.6[wab]	16.1
ALP/（U/L）	TRS	234.8[wbc]	162.0[cd]	142.5[cd]	92.4[d]	252.3[bc]	399.6[a]	348.1[ab]	22.69
	TES	169.1[xbc]	151.4[cd]	139.9[bc]	111.7[c]	241.0[b]	374.3[a]	375.6[a]	21.06
	TWS	171.7[x]	158.6	150.3	143.6	270.6	358.3	319.2	25.08
	ERS	226.3[wbcd]	153.5[d]	207.1[cd]	134.1[d]	272.2[abc]	369.5[a]	337.2[ab]	33.51
	EES	202.1[w]	140.1	161.3	94.6	209.9	288.4	269.5	26.18
TP/（g/L）	TRS	84.90[a]	70.04[abc]	68.32[bc]	65.80[bc]	81.74[ab]	78.76[abc]	63.50[c]	2.21
	TES	74.78	67.22	63.98	66.54	86.58	73.96	68.2	1.72
	TWS	74.8[a]	67.96[ab]	61.78[b]	61.94[b]	76.48[a]	74.28[a]	70.00[ab]	1.43
	ERS	84.3[a]	69.78[cd]	63.98[b]	64.24[d]	80.82[ab]	73.84[bc]	69.78[cd]	2.95
	EES	69.77[b]	67.13[b]	64.93[b]	63.07[b]	85.83[a]	79.17[a]	68.83[b]	3.11

续表

项目	分组	引种后天数/d							SEM
		1	5	10	20	30	55	80	
GLU/（mmol/L）	TRS	2.30^b	2.53^b	3.00^b	2.97^b	6.12^a	6.04^a	5.80^a	0.31
	TES	2.08^c	2.56^{bc}	2.79^b	3.06^b	5.30^a	4.79^a	5.36^a	0.23
	TWS	2.74^b	2.84^b	2.67^b	3.33^b	6.02^a	6.94^a	5.35^a	0.35
	ERS	2.13^c	2.22^c	2.8^c	2.85^c	5.04^b	6.46a	5.98^{ab}	0.7
	EES	2.05^b	2.65^b	2.67^b	2.94^b	5.44^a	6.26^a	6.06^a	0.69
TC/（mmol/L）	TRS	2.85^{wxa}	2.09^{bc}	1.61^{bcd}	1.01^d	1.38^{cd}	1.96^{bc}	1.82^{bc}	0.12
	TES	2.62^{wxa}	2.24^{ab}	1.68^{bc}	1.41^c	1.75^{bc}	1.77^{bc}	1.83^{bc}	0.1
	TWS	2.73^{wxa}	1.95^b	1.37^{bc}	1.01^c	1.46^{bc}	1.86^b	1.65^b	0.11
	ERS	3.39^{wa}	2.42^b	1.43^{de}	1.22^e	1.74^{cd}	1.79^{cd}	1.92^c	0.27
	EES	2.27^{xa}	1.99^{ab}	1.48^{cd}	1.14^d	1.41^{xb}	1.69^{bc}	1.86^{bc}	0.14
LDH/（U/L）	TRS	487.3^{ab}	388.4^{bc}	319.6^{wbc}	315.8^{xc}	426.7^{xb}	586.8^{xa}	557.8^{xa}	20.96
	TES	494.7^{bc}	411.1^c	481.6^{wbc}	452.0^{xbc}	572.2^{wxab}	676.9^{xa}	667.8^{wa}	23.89
	TWS	529.4^b	444.8^{bc}	450.8^{wbc}	404.8^{wxc}	528.9^{wxb}	666.9^{xa}	635.3^{wxa}	19.66
	ERS	583.9^{abc}	484.8^{cde}	429.3^{wde}	410.5^{we}	533^{wxbcd}	628.7^{xab}	676.8^{wa}	37.95
	EES	497.6^c	405.9^c	453.4^{wc}	490^{wc}	634.3^{wbc}	911.5^{wa}	714.9^{wab}	67.6

注：同一指标同行数据上标a~e表示该采样时间之间差异显著，分别表示P<0.05；同一指标同列数据上标w~z表示该时间点组间差异显著（P<0.05）。

四、藏羊低海拔日均采食量及生长性能

由表5.8可知，在引种后1 d、30 d、55 d和80 d，藏羊平均采食量均有显著差异（P<0.01）。在引种后55 d内采食量均呈正增长趋势，55~80 d呈下降趋势。

表5.8 平均日采食量

1 d	30 d	55 d	80 d	SEM	P值
1.99^a	2.15^b	2.44^d	2.34^c	0.1	<0.01

注：同行数据上标a~c表示该采样时间之间差异显著，分别表示P<0.05。

由表5.9和表5.10可知，在引种后1 d、30 d、55 d和80 d，各处理组间藏羊体重指标极显著差异（P<0.01）。藏羊体重TRS组和EES组各时间点与1 d无显著差异（P>0.05），TES组和TWS组藏羊在引种后55 d和80 d显著高于1 d（P<0.05），30 d与1 d无显著差异（P>0.05），ERS组藏羊在引种后30 d、55 d和80 d显著高于1 d（P<0.05）。在引种后80 d，各处理组藏羊总增重比1 d提高4.4~8.7 kg。藏羊日增重TRS组、TES组、TWS组和ERS组在引种后1~30 d和30~55 d显著高于55~80 d（P<0.05），EES组藏羊在引种后

1～30 d显著高于30～55 d和55～80 d（*P*<0.05）。引种后0～80 d，ERS组日增重有显著高于其他组的趋势（*P*<0.05）。

表5.9　藏羊生长性能

引种后天数/d	TRS/kg	TES/kg	TWS/kg	ERS/kg	EES/kg	SEM	*P*值
1 d	27.3^w	25.4^{wb}	24.20^{wb}	53.5^{yb}	23^x	5.75	<0.01
30 d	30.9^w	27.9^{wab}	26.9^{xb}	61^{ya}	27.9^x	6.55	<0.01
55 d	33.7^w	31.1^{wa}	30.7^{xa}	62.4^{ya}	27.2^x	6.43	<0.01
80 d	32.6^w	31.4^{wa}	31.56^{xa}	62.2^{ya}	27.4^x	6.35	<0.01

注：同一指标同行数据上标a～e表示该采样时间之间差异显著，分别表示*P*<0.05；同一指标同列数据上标w～z表示该时间点组间差异显著（*P*<0.05）。

表5.10　藏羊日增重

引种后天数/d	TRS/（g/d）	TES/（g/d）	TWS/（g/d）	ERS/（g/d）	EES/（g/d）	SEM	*P*值
1～30 d	120^{wb}	83.3^{wb}	90^{wb}	250^{xb}	163.3^{wxb}	30.62	<0.01
30～55 d	186.7^a	213.3^a	253.3^a	93.3^a	−46.7^a	53.59	0.574
55～80 d	−40^a	20^a	40	−20^a	−20^a	14.7	0.582
0～80 d	80^b	80^{ab}	100	120^a	40^a	13.27	0.359

注：同一指标同行数据上标a～e表示该采样时间之间差异显著，分别表示*P*<0.05；同一指标同列数据上标w～z表示该时间点组间差异显著（*P*<0.05）。

由表5.11可知，TRS组、TES组、TWS组、ERS组、EES组藏羊相对产出分别为424元/只、480元/只、588.86元/只、696元/只和352元/只；通过饲养80 d，除去饲料成本，5组的实际经济效益为279.76元/只、335.76元/只、444.56元/只、551.76元/只和207.76元/只。试验ERS组经济效益最好，EES组最低。

表5.11　藏羊经济效益分析

组别	饲养天数/d	饲料成本/元	增重/kg	相对产出/元	实际经济效益/元
TRS	80	144.24	5.3	424	279.76
TES	80	144.24	6	480	335.76
TWS	80	144.24	7.36	588.8	444.56
ERS	80	144.24	8.7	696	551.76
EES	80	144.24	4.4	352	207.76

五、小结

（1）引入江淮分水岭地区的藏羊生理、血液生理生化指标，除极小部分指标有异常外，其他各项指标均处于的正常范围内，说明藏羊在江淮分水岭地区具有一定的适应性。

（2）藏羊在江淮分水岭地区经济效益显著，日增重为40～120 g/d，其中欧拉公羊增重效果最佳。

（3）藏羊在江淮分水岭地区繁殖性能降低，需要进一步研究解决方案和模式，如探索调运时间，以及适应期管理技术等。

（4）建议利用高原家畜优秀基因，进一步开展相关杂交育种试验。

第四节　畜产品精深加工技术研发

畜产品是青藏高原畜牧业发展的出口，也是提高畜牧业经济价值的关键。青藏高原畜产品以功能性绿色、有机等著称，根据畜产品原料特点采取适宜的精深加工技术，开发品种多样化，适应不同消费群体的畜产品，打造畜产品品牌，可助力青海省畜牧业全链条发展。

一、研究地点

研究地点位于祁连山生态牧场。

二、研究方法

根据公司在肉产品加工过程中，以及消费者反馈和市场调研，不断提升改进现有生产工艺，凝练加工技术。

三、牦牛、藏羊肉产品加工关键技术

牦牛、藏羊屠宰后，将胴体置于4℃排酸车间，胴体间距15 cm，以确保通风、排酸，完成后熟，藏羊胴体排酸时间24 h，牦牛胴体排酸时间48 h。排酸完成的胴体按四分体、十分体、十四分体、十九分体或进行剔骨分割，分割时要求肉表面温度在12℃以下，中心温度在7℃以下。分割后肉片进行低温冻结，首先在库温-35～-30℃、湿度85%～90%条件下冷冻36 h，使肉中心温度达到-22℃。速冻肉产品在-18℃冷库中储存待售。

四、牦牛、藏羊肉产品市场动态与拓展

根据牦牛和藏羊终端肉产品价格统计数据，2018—2020年屠宰牦牛和藏羊收购价格持

续增高，收购羯羊和母羊的价格高于公羊和牦牛价格，胴体重高的牦牛（>125 kg）价格高于胴体重低的（图5.11）。而牦牛和藏羊肉市场销售价格2016—2020年也呈增高趋势，尤其在2020年增高非常明显（图5.12）。牛排、羊排的价格高于肉的价格，这也说明随着人们生活水平的提高，对肉类的选择更多倾向于口感和营养价值。

　　祁连亿达公司加大牦牛、藏羊肉产品品牌产品宣传，在江苏盐城建立了祁连亿达直销及中转中心，通过在内地城市建立"网销+直销店（中转中心）+冷链快递"的模式，减少运输成本，拓宽销售渠道。同时，公司在已有网上销售模式的基础上，开通扶贫832平台、抖音平台等新媒体宣传推介形式进行产品宣传和销售，提高牦牛、藏羊肉产品的认知度，让更多消费者了解和认识青海省畜产品。

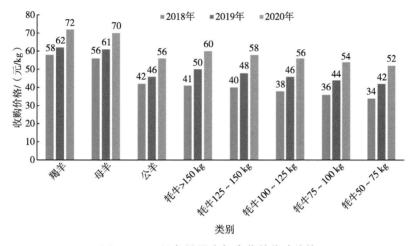

图5.11　不同年份屠宰牦牛藏羊收购价格

　　注：收购价为每千克胴体重价格。牦牛中，125～150 kg含150 kg不含125 kg，100～125 kg含125 kg不含100 kg，75～100 kg含100 kg不含75 kg，50～75 kg含50 kg和75 kg。

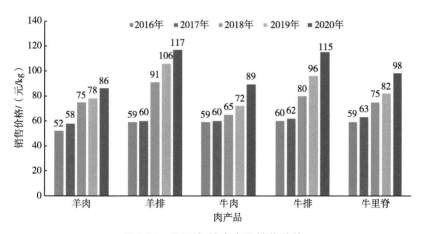

图5.12　不同年份肉产品销售价格

五、小结

青海省畜产品加工存在季节性生产现象，企业每年运转时间短，增加了生产成本，降低了经济效益。建议拓展多畜种、多品种以及不同品质的畜产品生产，提高生产效率。企业联合各生产实体从家畜养殖端、畜产品加工、市场端等建立可持续的合作模式，例如成立产业协会等，实现合作共赢。

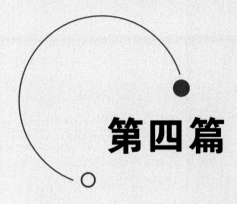

第四篇

牧场资源综合利用与管理

第六章 青藏高原羊粪堆肥微生物腐熟剂筛选及生产工艺优化研究

为解决青藏高原低温、低氧等气候条件制约畜禽废弃物堆肥利用的技术瓶颈，通过传统培养与分子生物学技术相结合，从青海湖体验牧场畜禽粪便、土壤、秸秆中挖掘与筛选促进畜禽废弃物快速降解的特定功能微生物，并与中国农业大学工学院饲料调制与加工实验室保存的菌种开展多菌种协同发酵试验，研发低温、高海拔环境条件下的畜禽废弃物专用高效微生物腐熟剂。本研究将深入探讨堆肥时添加高温期堆料对青藏高原羊粪堆肥有机成分降解及酶活性的影响，以期为该地区畜禽粪便堆肥高效利用和连续化生产提供理论依据。

第一节　羊粪堆肥高效微生物腐熟剂筛选

为加快堆肥进程和改善堆肥质量，使用添加剂是一种较好的方法。目前，微生物腐熟剂已广泛应用于各种原料的堆肥生产中（蔡瑞等，2019）。以往研究结果表明，添加复合菌剂的效果往往要好于单一菌剂（蔡瑞等，2023）。由于堆肥原料不同，其组成和性质也不一样，所添加的微生物菌剂也存在差异。以畜禽粪便为主要原料的堆肥中往往会添加辅料来调剂C/N，主要的微生物菌剂有芽孢杆菌、假单胞菌、链霉菌、木质素降解菌及除臭功能菌剂等（时小可等，2015；Xi et al.，2015；Yang et al.，2018）。目前，堆肥所用微生物菌剂针对羊粪堆肥特性的复合微生物菌剂的研究报道较少，将微生物腐熟剂添加于青藏高原堆肥生产的研究未曾报道，因此有必要对此进行系统研究。

本研究通过借鉴以往有关畜禽粪便堆肥复合菌剂的研究成果及根据羊粪的物料特性，利用从不同牧场采集的羊粪、秸秆等物料中分离筛选以及实验室保存的具有淀粉、蛋白质及木质纤维素分解能力和耐高温功能的菌株，搭配出2种复合菌剂，对比市售复合菌剂，在牧场接种于羊粪中进行堆肥试验。通过测定堆肥过程中的温度、pH值、电导率（EC）、有机质、氮成分、C/N和种子发芽指数（GI）等指标，综合比较不同复合菌剂在促进高寒地区羊粪堆肥腐熟的效果，进而开发适用于高寒地区羊粪堆肥的复合菌剂。

一、研究地点

研究地点位于青海湖体验牧场。

二、研究方法

堆肥试验所用原料为羊粪，其基本性质如表6.1所示。堆肥试验于2019年7月在青海湖体验牧场进行，采用尺寸为2 m×1 m×0.6 m的条垛式堆肥堆方式，调节始含水率为60%。试验共设置4个处理组，T1组、T2组、T3组为复合菌剂添加组，CK组为不添加菌剂的对照组。在复合菌剂中，T1组由枯草芽孢杆菌、地衣芽孢杆菌、假单胞菌、粪产碱菌、酿酒酵母、里氏木霉及黑曲霉等比例组成，其中枯草芽孢杆菌、地衣芽孢杆菌、假单胞菌和粪产碱菌分离于自然环境，酿酒酵母、里氏木霉及黑曲霉来自实验室；T2组由枯草芽孢杆菌、地衣芽孢杆菌、假单胞菌、植物乳杆菌、黄孢原毛平革菌及米曲霉等比例组成，其中植物乳杆菌、黄孢原毛平革菌及米曲霉来自实验室。T1组和T2组均经培养、稀释和混合，复合活菌数为10^7 CFU/mL；T3组采用商业菌剂，主要由双歧杆菌、乳酸菌、酵母菌、芽孢杆菌、光合细菌、放线菌、醋酸菌等多种菌群复合而成，有效活菌数大于$5×10^8$ CFU/g。T1组和T2组菌剂添加量为100 kg干重的羊粪中添加1 000 mL的菌液，T3组用量为100 kg干重的羊粪中添加100 g菌粉。每个处理组堆置3个相同的独立条堆。分别于试验第3天、第6天、第10天、第14天、第21天、第28天进行翻堆取样（第1天不翻堆，取样），每个堆体均从同深度5个点取样后混合用以提高样品代表性和同质性。堆肥于第6天、第14天、第21天取样后，对堆体进行补水，补水后含水率为60%左右。

每天9:00、16:00测量堆体上中下三层共15个点位的温度，并计算多点的平均温度；将鲜样于鼓风干燥机中105℃烘24 h，根据前后差计算堆肥样品含水率（Li et al.，2021）；堆肥有机质含量采用550℃灼烧法测定（Jiang et al.，2020）；总有机碳（TOC）采用重铬酸钾容量法测定，TN用凯氏定氮法测定，C/N为两者的比值（农业农村部种植业管理司，2021）；NH_4^+-N和NO_3^--N含量利用流动分析仪测定。分别用pH计和电导率仪测定堆肥浸提液pH值和EC；将堆肥浸提液利用紫外分光光度计分别在465 nm和665 nm波长下测定吸光度值（记为E_4和E_6），计算E_4/E_6值（Ge et al.，2020）；取浸提液20 mL于9 cm的培养皿中，并垫上滤纸，向浸提液中添加20颗小白菜种子，于20℃的黑暗条件下培养48 h后测定发芽率和根长，并计算GI（Arias et al.，2017）浸提液为将新鲜堆肥样品用去离子水以固液比为1:10浸提3 h后过滤所得。GI计算公式如下：

$$GI（\%）=\frac{浸提液中平均发芽数×平均发芽根长}{去离子水中平均发芽数×平均发芽根长}×100$$

表6.1　羊粪原料基本理化性质

项目	
pH值	7.64
电导率/（mS/cm）	2.03

续表

项目	
含水率/%	10
SOM含量/%	71.6
TOC含量/%	42.8
TN含量/%	2.36
C/N	18.1
半纤维素含量/%	19.4
纤维素含量/%	16.9
木质素含量/%	11.1

三、研究结果

1. 堆肥过程温度、pH值、EC的变化

如图6.1所示，T1组堆体温度上升最迅速，在第2天达到59.3℃，在第3～15天维持在55℃以上，其第3天和第5～12天维持在60℃以上。T2组在第2天温度上升至51.2℃，在第3～15天温度超过55℃。T3组在第3天温度上升至54.9℃，在第5～17天温度维持在55℃以上，其中第11～14天温度超过60℃。CK组在第3天温度上升至54.6℃，在第3～13天温度维持在50℃以上。T1组、T2组、T3组高温期（>50℃）均为16 d，而CK组为11 d。各组之间pH值变化趋势相似。所有处理pH值均是先降低后上升，最后再下降趋势。堆肥结束时，4组堆肥pH值为7.44～7.52，各堆体pH值未呈现显著差异（$P>0.05$）。堆肥初始EC为2.03 mS/cm，并且4个处理组堆肥EC的变化趋势均是先上升后下降，其中T1组EC的峰值高于其他3组，其峰值达2.63 mS/cm。堆肥结束时，4组样品的EC为2.45～2.53 mS/cm，均达到腐熟标准，但各堆体EC未呈现出显著差异（$P>0.05$）。

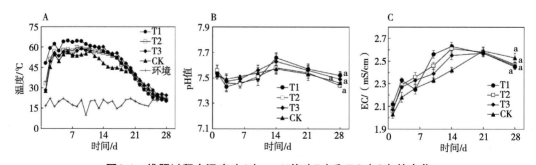

图6.1 堆肥过程中温度（A）、pH值（B）和EC（C）的变化

注：同一时间不同组间比较，肩标不同字母表示差异显著（$P<0.05$）；肩标相同字母表示差异不显著（$P>0.05$）。下同。

2. 有机质、碳组分和氮组分的变化

如图6.2所示，堆肥结束时有机质含量均不低于55%。T1组有有机质降解速度最快，第28天有机质降解率为48.1%。T2组有机质降解速度快于T3组，T2、T3组第28天有机质降解率分别为44.5%、43.9%，CK组第28天有机质降解率为40%。统计分析表明，添加微生物腐熟剂可显著增加堆肥有机质降解（$P<0.05$）。堆肥结束时，T1组、T2组、T3组及CK组的TOC含量分别为31.5%、32.4%、32.6%及33.4%，TN含量分别为2.72%、2.64%、2.63%及2.53%，C/N从最初的18.1分别下降至11.6、12.3、12.4及13.2，4组样品的这3个指标均差异显著（$P<0.05$）。T1~T3组的NH_4^+-N含量在第10天达到最高值，CK组在第14天达到最高值。堆肥结束时，4个处理组的NH_4^+-N含量分别为674 mg/kg、863 mg/kg、942 mg/kg及1 341 mg/kg。图6.2显示NO_3^--N含量在堆肥前14 d增长较少，而在堆肥第14~28 d迅速增长，堆肥结束时，T1组、T2组、T3组及CK组的NO_3^--N含量分别为2 946 mg/kg、2 641 mg/kg、244 mg/kg 2和2 184 mg/kg。在所有处理中，NH_4^+-N/NO_3^--N含量最高值出现在堆肥的第3天，达到峰值后，该值迅速下降。

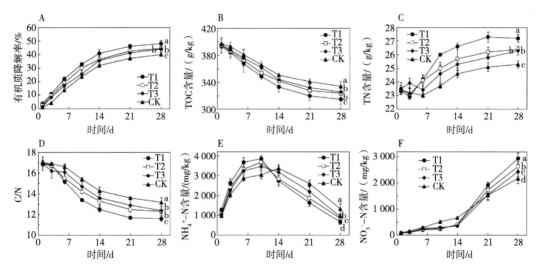

图6.2　堆肥过程中有机质降解率（A）、TOC含量（B）、TN含量（C）、C/N（D）、NH_4^+–N含量（E）和NO_3^-–N含量（F）的变化

3. 堆肥过程成熟度的变化

如图6.3所示，所有处理组在堆肥第3天的GI均低于50%。随着堆肥的进行，GI快速增长。堆肥结束时，T1组、T2组、T3组和CK组的GI分别为128.3%、122.8%、114.7%和102.7%，添加微生物腐熟剂可显著提升堆肥产品GI（$P<0.05$）。4组堆肥E_4/E_6在初期均呈下降趋势，随后先上升后下降。堆肥结束时，T1组、T2组、T3组和CK组的E_4/E_6值分别为1.73、1.81、1.87和2.03，添加微生物腐熟剂可显著降低堆肥产品E_4/E_6（$P<0.05$）。

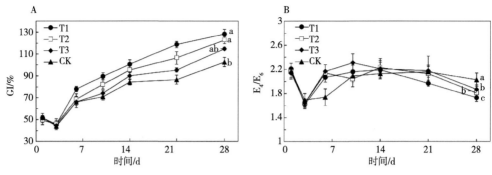

图6.3　堆肥过程中GI（A）和E_4/E_6（B）的变化

注：同一时间不同组间比较，肩标不同字母表示差异显著（$P<0.05$）；肩标相同字母表示差异不显著（$P>0.05$）。下同。

四、小结

添加复合菌剂可促进高寒地区羊粪堆肥腐熟，可促进堆体升温并延长高温期，促进堆肥有机质的降解并降低堆肥产品的C/N，可提升堆肥的GI等，还可显著缩短堆肥周期。研究结果还表明，由枯草芽孢杆菌、地衣芽孢杆菌、假单胞菌、粪产碱菌、酿酒酵母、里氏木霉和黑曲霉组合而成复合菌剂在促进青藏地区羊粪堆肥腐熟的效果最好。

第二节　天然微生物腐熟剂对羊粪堆肥发酵品质的影响

除使用人工筛选与培育的微生物腐熟剂促进堆肥发酵效率外，天然微生物腐熟剂也是促进堆肥发酵的有效方式之一。堆肥过程离不开各种微生物的生命活动，堆料中富含各种微生物，其本身可被看作天然的微生物腐熟剂，同时这种天然的微生物腐熟剂恰好适应相应的堆肥原料，其作用效果可能更优于人工分离的微生物添加剂。并且将堆肥过程中的堆料混合于新鲜原料中有利于堆肥的连续化生产，对堆肥产业化发展具有积极正面的影响。目前，将成熟堆肥物料作为添加剂应用于堆肥生产的研究报道较多（Yang et al.，2019；曹云等，2015），这些报道主要集中于研究成熟堆料对堆肥腐熟及堆肥过程中温室气体减排的作用效果，而利用高温期堆料作为添加剂的研究鲜有报道。堆肥高温期的物料富含耐高温的芽孢杆菌、放线菌等促进堆肥发酵的微生物，具有较强的应用前景，因此有必要将其作为添加剂进行研究。

本研究将高温期堆料做腐熟剂添加至新鲜羊粪中进行堆肥发酵，通过测定堆肥过程中温度、C/N、GI等指标以及堆肥过程中多种酶的活性，研究高温期堆料对青藏高原羊粪堆肥发酵品质及酶活性的影响。

一、研究地点

研究地点位于青海湖体验牧场。

二、研究方法

高温期堆料取自堆肥发酵第5天的高温羊粪堆料。供试羊粪于2019年7月取自同一羊舍，用塑料铲取羊舍表层羊粪并混合均匀，并经过春季自然干燥。油菜秸秆取自牧场农田，风干后粉碎至1 cm作堆肥调理剂，原料基本理化性质如表6.2所示。

表6.2　原料基本理化性质

项目	羊粪	油菜秸秆	高温期堆料
TOC含量/%	39.8	53.4	41.8
TN含量/%	2.41	0.82	2.15
C/N	16.6	65.1	19.4
半纤维素含量/%	19.4	20.1	20.3
纤维素含量/%	16.9	46.3	21.8
木质素含量/%	11.1	14.7	13.8

堆肥试验于2019年7—8月在青海省巴卡台农牧场进行，试验堆体采用长、宽、高为2 m×1 m×0.6 m的条垛式。本次羊粪堆肥试验原料以羊粪和油菜秸秆为4∶1比例混合而成，堆体初始含水率为60%。试验共设置2个处理组，DL组为添加高温堆料的处理组，高温堆料添加比例为20%；CK组为不添加高温堆料的对照组，添加等量的混合原料。试验每个处理组设置3个平行，分别于第3天、第7天、第10天、第14天、第21天、第28天进行人工翻堆取样（第0天和第1天不翻堆，取样），在第3天、第7天、第10天、第14天、第21天取样后，对堆体进行补水，补水后含水率为60%左右。将样品分为2份，一份鲜样于4℃保存，另一份风干研磨过1 mm筛后备用。

半纤维素、纤维素和木质素含量的测定方法，采用改良后的范示洗涤法（Zeng et al., 2018）。堆肥蛋白酶活性测定采用茚三酮比色法测定。脲糖酶活性采用苯酚钠–次氯酸钠比色法测定。蔗糖酶和纤维素酶活性均采用3,5-二硝基水杨酸法测定。β-葡萄糖苷酶活性采用硝基酚比色法测定。过氧化物酶和多酚氧化酶活性采用邻苯三酚比色法测定。

三、研究结果

1. 堆肥过程理化指标及成熟度的变化

DL和CK在第1天的堆体温度分别上升至54.4℃和42℃（图6.4）。两组堆体温度均在第2天达最高值，分别为62.6℃和57.5℃。DL组在堆肥前10天的堆体温度均>50℃，而CK组超过50℃的天数仅为4 d。堆肥初期，两组样品pH值均上升，堆肥第3～10天，两组堆体的pH值均呈下降趋势。堆肥第10天至堆肥结束，两组堆肥pH逐渐上升并趋于稳定。堆肥初期，两组样品EC均快速上升，其中DL组于第3天上升至最大值（2.52 mS/cm），CK组于第5天上升至最大值（2.49 mS/cm）。堆肥结束时，DL组的EC显著低于CK组（$P<0.05$）。

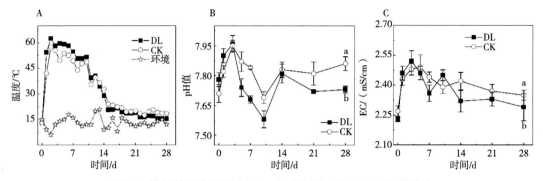

图6.4　堆肥过程中温度（A）、pH值（B）和EC（C）的变化

两个处理组堆体的TOC含量在整个堆肥过程中持续下降（图6.5），堆肥结束时，DL组和CK组的TOC含量分别为34.9%和37.4%，呈现显著差异（$P<0.05$）。两个处理组在整个堆肥过程的TN含量均呈上升趋势，堆肥结束时，DL组和CK组的TN含量分别为2.82%和2.59%，呈现显著差异（$P<0.05$）。堆肥结束时，DL组和CK组C/N分别为12.4和14.4，差异显著（$P<0.05$）。DL组和CK组的NH_4^+-N含量均在第10天达到最高值。堆肥结束时，DL和CK组的NH_4^+-N含量分别为1 013和1 423 mg/kg，差异显著（$P<0.05$）。两处理的NO_3^--N含量在堆肥前14 d均增加缓慢，而在堆肥第14～28天迅速增加，堆肥结束时，DL组和CK组的NO_3^--N含量分别为2 943 mg/kg和2 623 mg/kg，差异显著（$P<0.05$）。DL和CK组在堆肥结束时的GI分别为101.1%和78.4%，差异显著（$P<0.05$）。

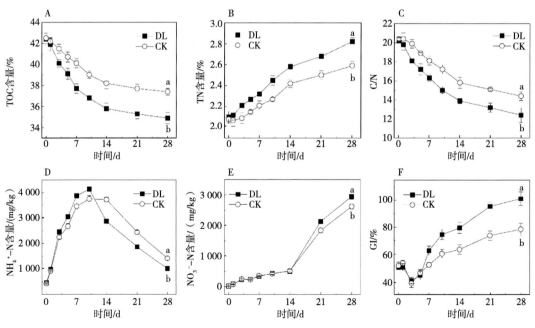

图6.5　堆肥过程中TOC含量（A）、TN含量（B）、C/N（C）、NH_4^+–N含量（D）、NO_3^-–N含量（E）和GI（F）的变化

2. 堆肥过程中有机成分及其降解率的变化

两个处理组堆体有机质含量均在堆肥前10 d迅速下降（图6.6）。随后两组样品有机质降解速度减慢并最终趋于稳定。堆肥结束时，DL组和CK组有机质降解率分别为45.9%和39.3%，差异显著（$P<0.05$）。在整个堆肥过程中，两个处理组堆肥中半纤维素和纤维素的量均呈下降趋势，而木质素含量呈上升趋势。堆肥结束时，DL组和CK组的半纤维素，纤维素和木质素降解率分别为40.6%和35%、58.7%和50.7%、15.9%和14.8%，均呈现出显著性差异（$P<0.05$）。

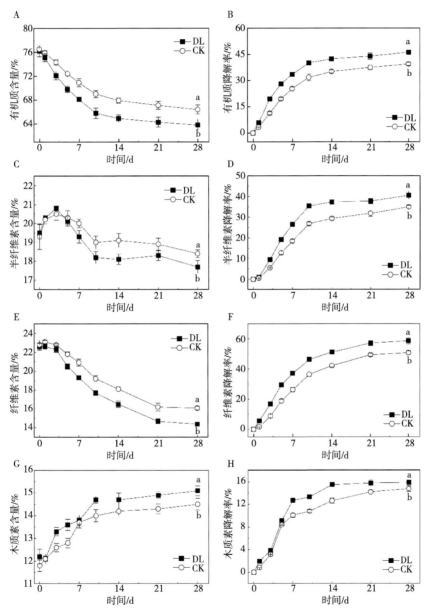

图6.6　堆肥过程中有机质含量（A）及降解率（B）、半纤维素含量（C）及降解率（D）、纤维素含量（E）及降解率（F）、木质素含量（G）及降解率（H）的变化

3. 堆肥过程中酶活性的变化

两个处理组蛋白酶活性在堆肥第1天达到整个过程的最高值，随后两个处理组堆肥蛋白酶活性下降并维持稳定（图6.7）。两个处理组脲酶活性在堆肥初期较低，随后逐渐升高，于堆肥第14天达到最高。DL组脲酶活性除在堆肥第1天及第28天低于CK组，其余时间均显著高于CK组（$P<0.05$）。两个处理蔗糖酶活性在堆肥前期逐渐降低，并于后期逐渐升高。两个处理组的纤维素酶在1～3 d活性较高，随后活性降低并逐渐稳定。整个堆肥过程，DL组纤维素酶活性均显著高于CK组（$P<0.05$）。两组β-葡萄糖苷酶在1～5 d活性较高，并逐渐上升，随后活性降低并逐渐稳定，DL组β-葡萄糖苷酶活性在堆肥前14 d显著高于CK组（$P<0.05$）（图6.7）。两个处理组过氧化物酶活性均是先缓慢增加，并在堆肥第14天达到最高，随后逐渐降低，DL组过氧化物酶活性在堆肥整个过程均显著高于CK组（$P<0.05$）。两个处理组多酚氧化酶活性在堆肥初期较低，随后活性逐渐升高，DL组在堆肥发酵前14 d均显著高于CK组（$P<0.05$）。

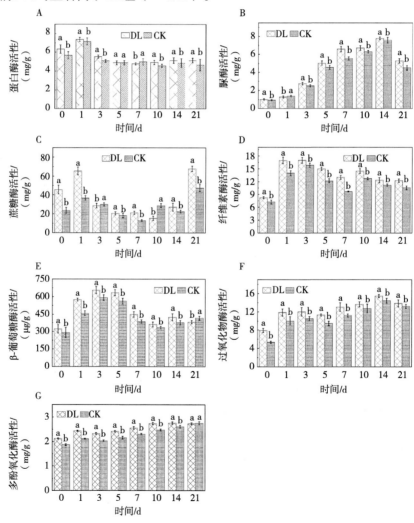

图6.7　堆肥过程中蛋白酶（A）、脲酶（B）、蔗糖酶（C）、纤维素酶（D）、β-葡萄糖苷酶（E）、过氧化物酶（F）、多酚氧化酶（G）活性的变化

四、小结

添加高温期堆料可促进堆体升温，延长堆体高温期6 d，可提升堆肥GI达22.7%，并可缩短堆肥腐熟所需时间。添加高温期堆料可促进堆肥有机物质和木质纤维素降解，并可在堆肥前期和中期提升堆肥过程中蛋白质酶、脲酶、蔗糖酶、纤维素酶、β-葡萄糖苷酶、过氧化物酶及多酚氧化酶活性。

第三节　羊粪堆肥调理剂添加策略研究

青藏高原低温、低氧等气候与其他地区差异巨大，这将导致其他地区有关堆肥的生产工艺可能完全不能适用于青藏地区。因此，根据高寒地区气候特色和藏羊特性，对该地区羊粪堆肥生产工艺进行优化，研发适用于高寒地区堆肥生产工艺具有十分重要的现实意义。这部分研究内容将充分考虑青藏地区生物质资源和羊粪特性，根据该地区干燥、氧气稀薄的气候特色进行羊粪堆肥生产工艺优化。

畜禽粪便通常氮和水含量高。如果直接使用粪便进行堆肥，由于C/N低，孔隙率低，将导致堆肥发酵速度慢，产品成熟度低（汤江武等，2008）。添加调理剂是促进畜粪、餐饮垃圾、污泥堆肥发酵效率、提高堆肥质量以及减少堆肥中有害物质（有害气体、重金属等）的有效途径，其主要机制是调节原料的C/N和孔隙率，改善微生物发酵环境（李国学等，2003）。

然而，调节剂的添加效果与堆肥原料的性质和堆肥场所的气候密切相关。不同的原料和堆肥场所，其调节剂的最佳种类和添加比例存在差异。青藏高原的气候特征是寒冷和缺氧，这种气候特征与其他地区有很大的不同，这意味着其他地区添加调节剂的研究结果可能不适用于该地区（Guo et al.，2021）。此外，该地区有丰富的调理剂资源，包括燕麦、青稞、玉米、油菜等作物秸秆。因此，将这些秸秆废弃物与羊粪结合生产堆肥具有重要的现实意义。据我们所知，目前还没有关于调理剂添加策略对青藏高原羊粪堆肥发酵质量影响的研究。因此，有必要对此进行研究，以期为畜禽粪便和秸秆资源在青藏高原上的高效利用提供理论依据和技术指导。

本研究将羊粪与油菜秸秆、小麦秸秆、玉米秸秆、青稞秸秆和木屑以不同比例混合，进行堆肥试验，探讨调节剂添加策略对羊粪堆肥发酵品质、酶活性和细菌群落结构的影响。

一、研究地点

研究地点位于青海湖体验牧场。

二、研究方法

新鲜羊粪、油菜秸秆、小麦秸秆、青稞秸秆和玉米秸秆从巴卡台农场获得，这些秸秆调理剂经过干燥和粉碎，其基本理化性质如表6.3所示。木屑从当地木材加工厂购买。将羊粪与5种调理剂分别按5∶1、4∶1、3∶1、2∶1的比例混合，并调整初始含水率为50%。各处理设置如表6.4所示堆肥试验于2019年8—9月在青海湖体验牧场，堆肥形状为2 m×1 m×0.8 m的条垛式。各处理在堆肥前24 d进行定期翻堆和补水，频率为每4天进行1次，每次补水至50%。在第0天、第4天、第8天、第12天、第18天、第24天、第30天和第36天进行取样。将样品混合均匀后分成两部分，一部分用于理化参数分析，另一部分保存于−20℃下进行酶活性和DNA测定。

表6.3 堆肥原料理化性质

原料	SOM含量/%	TOC含量/%	TN含量/%	C/N
羊粪	71.6	39.8	2.4	16.6
油菜秸秆	96.2	53.4	0.82	65.1
小麦秸秆	88.2	50.4	0.88	57.3
青稞秸秆	93.2	52.8	0.73	72.3
玉米秸秆	93.4	53.2	0.91	58.5
木屑	99.3	57.6	0.15	383.7

表6.4 各处理组名称

原料	添加比例				
	1∶5	1∶4	1∶3	1∶2	无调理剂
油菜秸秆∶羊粪	RS1	RS2	RS3	RS4	RM
小麦秸秆∶羊粪	WS1	WS2	WS3	WS3	
青稞秸秆∶羊粪	HBS1	HBS2	HBS3	HBS3	
玉米秸秆∶羊粪	CS1	CS2	CS3	CS4	
木屑秸秆∶羊粪	WC1	WC2	WC3	WC4	

温度、pH值、EC、碳组分、氮组分、种子发芽指数的测定方法与第一节相同；采用含有焦磷酸钠和氢氧化钠的浸提剂提取腐殖质，随后用重铬酸钾容量法测定腐殖质含量（Guo et al.，2021）。取堆肥第0天、第4天、第18天和第36天的0.5 g样品用Fast DNATM SPIN Kit for soil试剂盒提取细菌DNA，随后送至测序公司进行测序和分析。

三、研究结果

1.堆肥过程温度的变化

如图6.8所示，当调理剂与羊粪的比例为1∶2时，升温效果显著低于1∶3、1∶4和1∶5。调理剂与羊粪以1∶3或1∶4的比例混合升温效果较好，可延长堆肥高温期（＞50℃）。在各处理中，玉米秸秆最高温度仅为60.6℃，最长高温期为12 d（CS3组）；油菜秸秆为67.1℃和15 d（RS3组）；小麦秸秆为63.6℃和15 d（WS3组）；青稞秸秆为65.7℃和16 d（HBS2组）；木屑为68.7℃和15 d（WC3）。结果表明，玉米秸秆调理剂处理的加热效果较其他处理差。根据各处理的温度表现，本研究选取RS2组、RS3组、WS3组、HBS2组和WC3组进一步测定理化指标和微生物群落结构的变化。

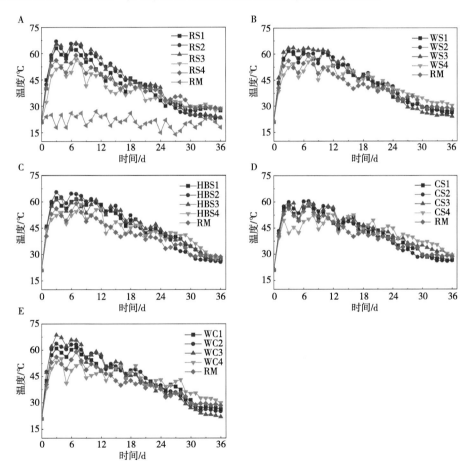

图6.8　堆肥过程中添加油菜秸秆处理（A）、小麦秸秆处理（B）、青稞秸秆处理（C）、玉米秸秆处理（D）、木屑处理（E）的温度变化

2.堆肥过程理化指标的变化

WC3组在第8天和第12天的EC最高，而WS3组在堆肥后期EC最高（图6.9）。各处理的TOC含量在前期迅速下降。随后，各处理TOC含量下降缓慢，并逐渐趋于稳定，WC3

组的TOC含量下降速度快于其他处理。WC3组的初始总氮含量最低，但增加速度快于其他处理，堆肥结束时总氮含量最高。各处理的C/N均呈下降趋势，且前期下降较快，后期下降较慢。由于5个处理之间初始原料C/N的差异，用堆肥结束时C/N与初始C/N的比值（T值）来比较不同处理之间的成熟度更为合理。从图6.9可以看出，WC3组的T值低于其他处理，而WS3组的T值高于其他处理。堆肥前期各处理NH_4^+-N含量迅速增加，并且WC3组NH_4^+-N含量增长速度快于其他处理。随着堆肥进行，各处理NH_4^+-N含量逐渐降低。如图6.9所示，随着堆肥的进行，各处理的GI快速增长。堆肥第36天，RS2组、RS3组、WS3组、HBS2组和WC3组的GI分别为112.5%、107.1%、103.7%、109.5%和116.7%。各处理腐殖质含量在初始阶段迅速增加，其中WC3组的腐殖质含量增长最快，而WS3组的腐殖质含量增长最慢。堆肥结束时，RS2组、RS3组、WS3组、HBS2组和WC3组腐殖质含量分别为166.4 g/kg、160.1 g/kg、151.5 g/kg、163.1 g/kg和174.1 g/kg。

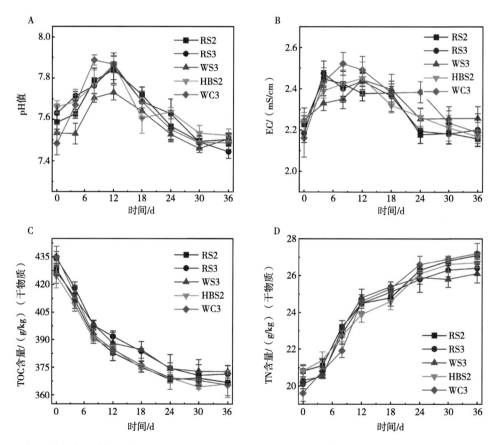

图6.9　堆肥过程中pH值（A）、EC（B）、TOC含量（C）、TN含量（D）、C/N（E）、NH_4^+-N含量（F）、NO_3^--N含量（G）、GI（H）、腐殖质含量（I）的变化

　　注：图中RS2为油菜秸秆：羊粪=1：4处理，RS3为油菜秸秆：羊粪=1：3处理，WS3为小麦秸秆：羊粪=1：3处理，HBS2为青稞秸秆：羊粪=1：4处理，WC3为木屑：羊粪=1：3处理。下同。

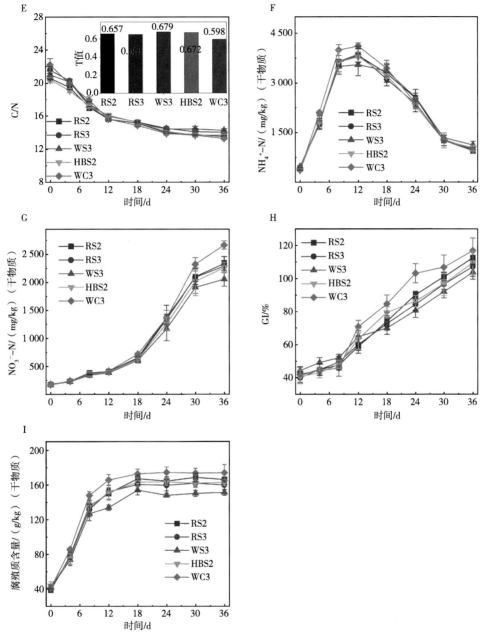

图6.9　堆肥过程中pH值（A）、EC（B）、TOC含量（C）、TN含量（D）、C/N（E）、NH₄⁺–N含量（F）、NO₃⁻–N含量（G）、GI（H）、腐殖质含量（I）的变化（续）

3.堆肥过程酶活性的变化

如图6.10所示，WC3组蛋白酶活性早期高于其他处理，而WS3组蛋白酶活性低于其他处理。WC3组的脲酶活性前期高于其他处理，后期低于其他处理，而WS3组则相反。WC3组的纤维素酶和蔗糖酶活性在早期增长最快，且在WC3组中的活性值也高于其他处理。WC3组的过氧化物酶活性在中后期高于其他处理，而其多酚氧化酶活性在整个堆肥过程中高于其他处理。

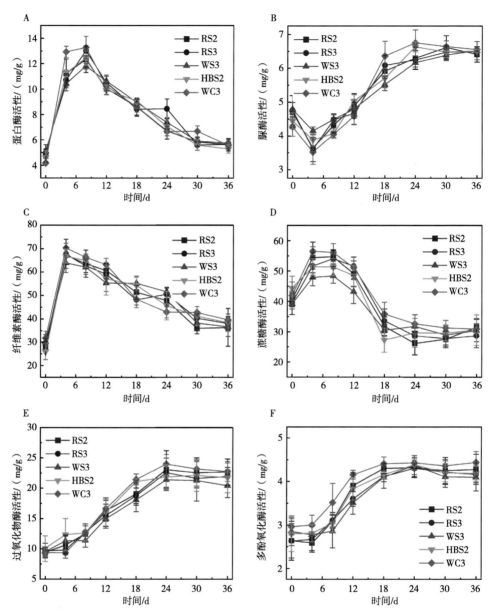

图6.10　堆肥过程中蛋白酶（A）、脲酶（B）、纤维素酶（C）、蔗糖酶（D）、过氧化物酶（E）和多酚氧化酶活性（F）的变化

4. 堆肥过程细菌多样性和群落结构的变化

如图6.11所示，α多样性分析的4个指标在堆肥过程中变化趋势一致，均为先降低后升高。WC3组的4项指标在第4天和第18天均高于其他处理，RS2组仅次于WC3组。

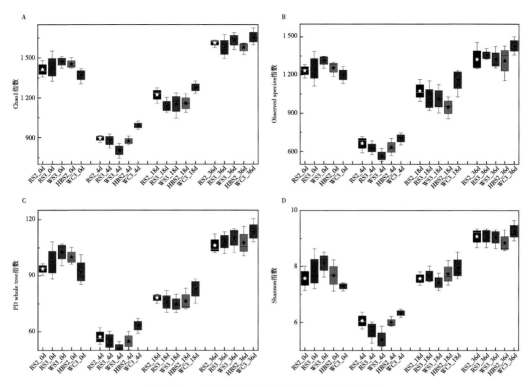

图6.11 堆肥过程中细菌α多样性指数的变化

注：RS2_0d代表RS2处理在第0天的样品，RS2_4d代表RS2处理在第0天的样品。下同。

Firmicutes、Proteobacteria、Bacteroidota和Actinobacteriota是整个堆肥过程中的优势菌门，占细菌总数的71.14%~98.98%。从堆肥第0~4天，所有处理的Firmicutes相对丰度均增加至56.96%~68.32%，而Proteobacteria呈下降趋势。从第4~18天，细菌结构在门水平发生了较大的变化。在此期间，Firmicutes和Proteobacteria的相对丰度迅速下降，Bacteroidota和Actinobacteriota的相对丰度呈上升趋势。第18~36天，Firmicutes和Actinobacteriot的丰度仍呈下降趋势，而Proteobacteria的丰度呈上升趋势，Bacteroidota的丰度变化则不明显，Patescibacteria、Gemmatimonadota、Verrucomicrobiota等的相对丰度维持在1.14%~6.86%。图6.12显示堆肥原料中*Corynebacterium*（8.56%~13.25%）和*Jeotgalicoccus*（9.59%~12.46%）丰度最高，其他菌属均低于1.46%。在堆肥第4天，*Corynebacterium*和*Jeotgalicoccus*仍占优势，但丰度呈下降趋势。与此同时，*Bacillus*、*Planifilum*、*Thermobacillus*、*Ureibacillus*和*Flavobacterium*的丰度迅速增加。第4天，WC3组的*Bacillus*和*Planifilum*丰度高于其他处理，RS2组和RS3组的*Thermobacillus*和*Ureibacillus*丰度高于其他处理，而WS3中这些细菌的丰度均低于其他处理。从第4~18天，嗜热期优势菌的丰度均下降到4%以下，而*Aquamicrobium*、*Chelativorans*、*Ensifer*、*Devosia* *Persicitalea*和*Sphingobacterium*等菌的丰度迅速增加，并在冷却和成熟期成为优势菌。堆肥第36天的优势菌群与第18天的优势菌群相似。

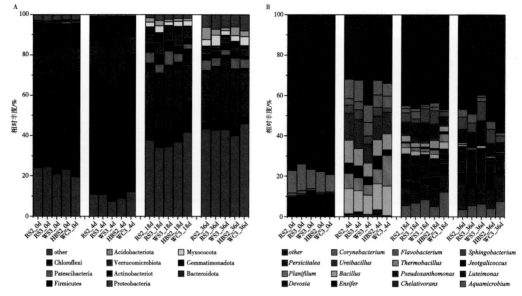

图6.12　堆肥过程中细菌群落结构门水平（A）和属水平（B）的变化

四、小结

添加25%木屑的堆肥效率和堆肥成熟度最好，其蛋白酶、纤维素酶、蔗糖酶等活性均高于其他处理。添加20%油菜秸秆的堆肥效果仅次于20%木屑。添加20%木屑可提高堆肥高温期的*Bacillus*和*Planifilum*的丰度，而添加油菜秸秆可提高*Thermobacillus*和*Ureibacillus*的丰度。

第四节　羊粪堆肥补水策略的研究

在青藏高原的气候特征中，干燥的空气会导致堆肥中水分迅速流失，进而可能中断堆肥的进行，最终影响堆肥的成熟。这是因为水分含量不足会导致微生物缺乏维持活动所需的水分（Li et al.，2021）。在堆肥堆上覆盖一层薄膜，增加初始含水率以及在堆肥过程中补水可以缓解因迅速失水而导致的中断堆肥。然而，覆盖膜并保持较高的初始含水率会影响堆体的气体流动，导致氧气不足，从而影响好氧微生物的生长，并产生有害气体（Li et al.，2021）。这些现象在低氧气候条件下尤其普遍，比如在青藏高原。因此，这两种方法可能不适合青藏地区。堆肥过程中补充水分是解决堆肥水分快速蒸发问题的有效手段。然而，在青藏高原堆肥过程中补水是否能促进堆肥的成熟尚不清楚。

本研究将探讨初始含水率和补水频率对羊粪堆肥成熟度和微生物群落的影响，确定适合高寒地区的最佳补水工艺。

一、研究地点

研究地点位于青海湖体验牧场。

二、研究方法

将羊粪和油菜秸秆以4∶1比例进行混合。原料基本性质如表6.2所示。试验设置6个处理组，每个处理设置3个独立重复。其中，T1组、T2组、T3组初始含水率为60%，T4组、T5组、T6组初始含水率为70%，其中T1组、T4组堆肥期间不补水，T2组、T5组每7 d补水1次，T3组、T6组每3.5 d补水1次，每次补水至初始含水率。堆肥试验于2020年8月在青海湖体验牧场进行，堆肥形状为2 m×1 m×0.8 m的条垛式。各处理每3.5 d翻堆1次，并且边翻堆边补水。在第1天、第3天、第5天、第7天、第10天、第13天、第16天、第21天和第28天进行取样。将样品混合均匀后分成两部分，一部分用于理化参数分析，另一部分保存于-20℃下进行DNA分析。酶活性和微生物数量等测定方法与本章前三节相同。

三、研究结果

1. 堆肥过程中理化指标、成熟度及木质素的变化

如图6.13所示，所有处理在初始阶段的温度都迅速升高，并在2 d内进入高温期（>50℃）。T1~T6组的高温期分别为8 d、11 d、12 d、9 d、8 d和5 d，最高温度分别为65.9℃、66.7℃、63.6℃、64.7℃、62.1℃和59.4℃。T1组和T4组的温度分别从第9天和第12天开始迅速下降，第14天降至20℃以下。4个补水处理中，T6组加热效果最差，高温持

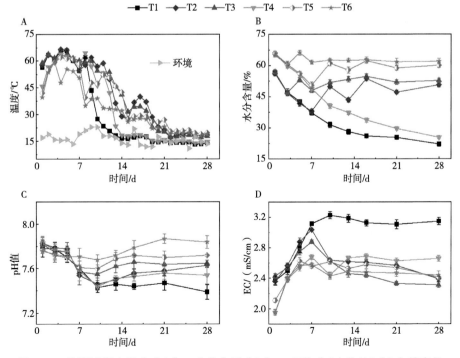

图6.13　堆肥过程中温度（A）、水分含量（B）、pH值（C）和EC（D）的变化

续时间最短。T1组和T4组的含水率在前期迅速下降，堆肥第10天，T1组和T4组含水率分别为31.6%和40.6%。T1组和T4组的最终堆肥产物含水率分别为22.2%和25.4%。由于定期补水，T2组和T3组保持了38.1%～56.9%的水分含量，T5组和T6组保持了50.5%～66.3%的含水率。T1～T6组的EC在堆肥前7 d内迅速增加，并且T1组、T2组和T3组增长更快。随后，T2组、T3组、T5组和T6组的EC先下降后稳定，而T1组和T4组的EC在堆肥中后期没有明显下降。

在所有处理的TN含量均先上升后逐渐稳定，T1～T6组的最终堆肥产物TN含量分别为2.53%、2.78%、2.95%、2.63%、2.8%和2.65%。如图6.14所示，T1～T6组的最终C/N分别为15.6、13.8、12.6、14.8、13.5和14.4，说明堆肥过程中补水促进了堆肥的成熟，T3组效果最好。图6.14显示了GI的变化，堆肥第5天后，T1～T6组的GI迅速增加，其中T3组的生长速度最快。T1～T6组最终GI分别为69.1%、121.4%、129.4%、77.1%、118.2%和115.6%。T2组、T3组、T5组和T6组的GI>80%均达到成熟标准（Zhang et al.，2020），其中T3组成熟度最高，而T1组和T4组未成熟。

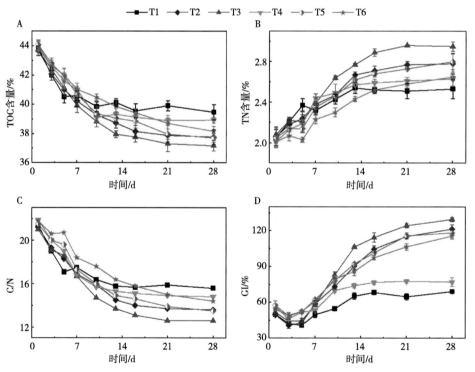

图6.14　堆肥过程中TOC含量（A）、TN含量（B）、C/N（C）和GI（D）的变化

堆肥初期，T1～T6组的有机质含量迅速下降，且T1～T3组的有机质降解速率快于T4～T6组。堆肥第5～16天，T3组的有机质降解率最高。在堆肥后期，T2组、T3组、T5组和T6组的有机质降解速率逐渐减缓并趋于稳定，而T5组和T6组的降解速率略高于T2组和T3组。T1组和T4组在中后期的有机质降解率显著低于其他处理。在堆肥结束时，T1～T6组有机质降解率分别为31.3%、41.94%、44.43%、37.91%、42.45%和41.42%。木

质纤维素含量和降解率的变化如图6.15所示。半纤维素和纤维素在嗜热期降解迅速。经过13 d的堆肥后，半纤维素和纤维素的降解速率逐渐减慢并最终停止。木质素降解率低于半纤维素和纤维素，其相对含量在堆肥过程中略有增加。在堆肥结束时，T1～T6组的半纤维素降解率分别为35.59%、43.52%、44.43%、39.51%、43.5%和41.1%，纤维素降解率分别为32.25%、46.32%、49.55%、38.92%、48.1%、43.32%，木质素降解率分别为14.35%、25.23%、26.32%、19.02%、23.31%和25.32%。这些结果表明，堆肥过程中补充水分有利于木质素的降解，T3组达到最佳降解效果。

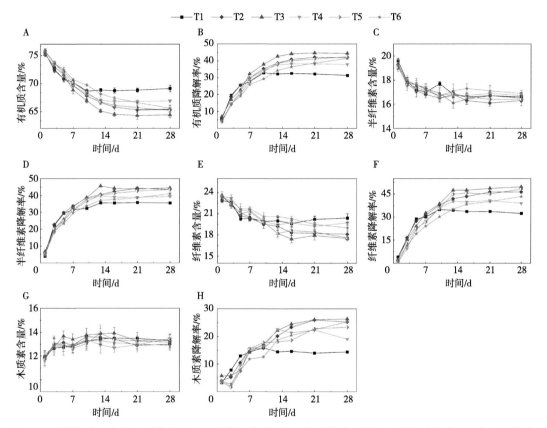

图6.15　堆肥过程中有机质含量（A）及降解率（B）、半纤维素含量（C）及降解率（D）、纤维素含量（E）及降解率（F）、木质素含量（G）及降解率（H）的变化

2. 堆肥过程中酶活性的变化

如图6.16所示，T1组、T2组和T3组的酶活性在堆肥初期均高于T4组、T5组和T6组，其中T3组的蛋白酶、蔗糖酶、过氧化物酶和多酚氧化酶活性在堆肥第7～10天高于其他处理。T1和T4组的多种酶活性在堆肥中后期显著低于其他处理。在4个补水处理中，T6组的酶活性在堆肥前期和中期低于其他处理。

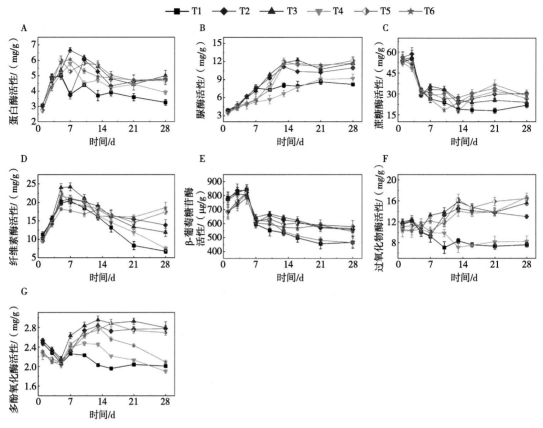

图6.16　堆肥过程中蛋白酶（A）、脲酶（B）、蔗糖酶（C）、纤维素酶（D）、β-葡萄糖苷酶（E）、过氧化物酶（F）、多酚氧化酶（G）的变化

3. 堆肥过程微生物多样性和群落结构的变化

Firmicutes、Actinobacteria、Proteobacteria、Bacteroidetes、Saccharibacteria和Gemmatimonadetes是整个堆肥过程中的优势菌门。各处理Firmicutes的相对丰度在堆肥第5天达到峰值。随着温度的降低，T1 ~ T6组中Firmicutes的丰度逐渐降低至16.37%、13.07%、14.9%、8.69%、10.06%和6.98%。在高温阶段，Actinobacteria的相对丰度较原料显著降低。堆肥第5天，T1 ~ T6放线菌门相对丰度分别为9.04%、11.77%、8.29%、5.52%、6.45%和6.81%。随着温度的降低，T1 ~ T5组中Actinobacteria的相对丰度逐渐增加，而T6组逐渐降低。在堆肥后期，各处理Proteobacteria和Bacteroidetes的相对丰度均显著高于堆肥前期。随着堆肥的继续，T2组、T3组、T组5和T6组的Saccharibacteria、Gemmatimonadetes、Chloroflexi、Deinococcus、Thermus和Verrucomicrobia的丰度逐渐增加，且显著高于T1组和T4组。如图6.17所示，堆肥原料中最丰富的属为*Jeotgalicoccus*（15.65%）、*Corynebacterium*_1（15.96%）和*Pseudomonas*（10.27%），但在嗜热期它们的丰度迅速下降。各处理的*Bacillus*、*Planifilum*（T1 ~ T6组分别为16.38%、17.17%、13.4%、2.91%、2.21%、0.001 3%）、*Thermobifida*和*Thermobacillus*的相对丰度在堆肥第5天达到峰值。堆肥第5天，T1 ~ T3组的*Bacillus*、*Planifum*、*Thermobifida*和

*Thermobacillus*的总丰度均高于T4~T6组。堆肥第16天和第28天，各处理*Jeotgaliccoccus*、*Corynebacter*_1、*Thermobacillus*、*Bacillus*、*Planifilum*、*Thermobacillus*、*Thermobifida*、*Acinetobacter*和*Halocella*的相对丰度均低于第5天，而*Acinetobacter*、*Thermoonospora*、*Altererythrobacter*和*Pseudoxanthomonas*的相对丰度均高于第5天。T1组和T4组的*Cellvibrio*、*Sphingobacterium*、*Flavobacterium*和*Pusillimonas*的丰度均高于其他处理，而T1组和T4组的*Luteimonas*和*Altererythrobacter*的丰度均低于其他处理。

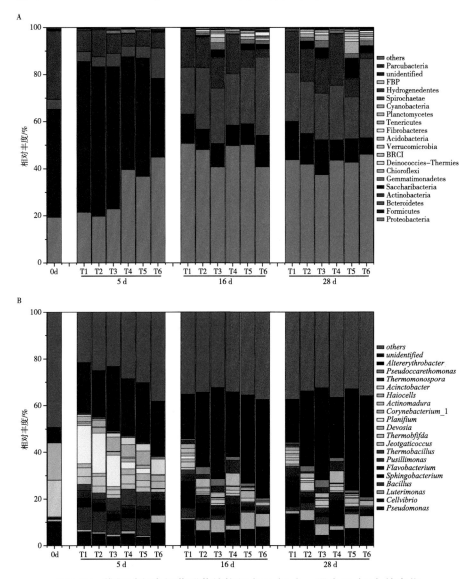

图6.17　堆肥过程中细菌群落结构门水平（A）、属水平（B）的变化

四、小结

青藏高原羊粪堆肥过程中不补水会导致堆肥过程中断，而定期补水可调节堆肥微环

境，增加细菌丰富度和多样性，改善细菌群落结构，显著提高堆肥成熟度。与初始含水率70%相比，初始含水率60%能促进发酵，增加嗜热细菌的丰度。初始含水率60%，每3.5 d补水1次，堆肥成熟度最好，木质素等有机物降解率最高，可显著缩短堆肥时间。

第五节　低水分对不同季节下羊粪堆肥发酵品质及微生物代谢能力的影响

含水率是影响堆肥过程中微生物活性和理化性质的一个极其重要的因素（Li et al.，2003）。一般来说，初始含水率在50%~70%有利于堆肥发酵和成熟（吕黄珍，2008；Tiquia et al.，1998）。但由于青藏高原氧气稀薄，该地区的堆肥在相同含水率情况下，堆体中的氧气含量可能显著低于其他地区，且不同季节青藏高原的含氧量和外界水温的变化可能导致堆肥生产的最佳含水率存在显著差异。基于此，以往关于堆肥含水率的研究可能不适用于青藏高原，特别是在不同季节。

目前对不同季节堆肥的研究主要集中在堆肥的有害气体排放、微生物群落结构差异、有害微生物的差异和重金属的迁移率。但这些研究都是在相同的工艺参数下进行的，针对不同季节堆肥工艺优化的研究较少，含水率对不同季节羊粪堆肥成熟度、有机质转化和微生物代谢功能的影响均未见报道。因此，有必要对该领域进行研究，以丰富该领域的知识，为青藏高原大型牧场羊粪废弃物资源化处理提供理论依据和技术支持。

本研究根据青藏高原氧气稀薄的特点，首先进行了30%~60%含水率的一系列堆肥试验，然后根据堆肥温度和有机质降解率选择最佳的低含水率。在此基础上，进一步比较了夏秋两季羊粪堆肥低含水率和常规含水率（60%）对青藏高原的影响。通过测定理化性质和堆肥成熟度，研究低含水率对降解效率和堆肥成熟度的影响。本研究将进一步预测微生物群落的代谢功能，揭示有机物降解和堆肥成熟的机理。

一、研究地点

研究地点位于青海湖体验牧场。

二、研究方法

堆肥原料为羊粪和木屑按3∶1的比例混合均匀。原料理化性质如表6.5所示。本研究采用条垛式堆肥，堆体的长度、宽度和高度分别为2 m、1 m和0.8 m。本研究首先进行了30%、35%、40%、45%、50%和55%含水率的羊粪堆肥预试验，堆肥时间为2021年7月11—20日，所有堆体每2 d补水1次，补充至初始含量，所有堆体每4 d翻堆1次。通过比较不同含水率对堆肥温度和有机质降解的影响，进一步选择45%含水率分别在夏季和秋季的进行完整堆肥试验。夏季和秋季堆肥试验分别于2021年7月23日至8月11日和2021年9月10

日至10月30日进行。两个季节分别设置初始含水量为45%和60%的处理，夏季记为S45和S60，秋季记为A45和A60，每个处理有3个独立重复。所有处理在堆肥前24 d定期加水，其中S45和A45每2 d补充1次水，S60和A60每4 d补充1次水，所有堆体每4 d翻堆1次。在第0天、第2天、第4天、第8天、第12天、第16天、第24天、第32天、第40天和第50天从堆体的不同深度采集多处样品。将样品混合均匀后分成两份，一份用于理化参数分析，另一份保存于-20℃用于DNA分析和酶活测定。测定方法与前文相同。

堆肥微生物DNA测序和分析委托北京奥维森公司进行。

表6.5　堆肥原料理化性质

指标	羊粪	木屑
SOM含量/%	73.7	99.7
TOC含量/%	42.8	57.4
TN含量/%	2.46	0.15
C/N	17.4	382.7
pH值	7.75	5.08
EC/（mS/cm）	2.08	0.59

三、研究结果

1. 堆肥过程理化指标及成熟度的变化

如图6.18所示各处理在初始阶段温度迅速升高，其中S45堆肥1 d后进入嗜热阶段（>50℃），而S60、A45和A60分别需要2 d、2 d和3 d。S45和S60的嗜热期分别为15 d和14 d，其中S45在第2~7天超过70℃，第2~11天超过60℃，而S60在第2~8天超过60℃。A45和A60分别只有7 d和2 d温度高于50℃，并且均未超过60℃。这些现象表明，夏季堆肥的升温效果优于秋季，且高温持续时间较长。S45在堆肥前14 d温度高于S60，而A45在整个堆肥过程中几乎高于A60，表明45%的含水量有利于青藏高原羊粪堆肥升温。如图6.18所示，各处理的含水量在初始阶段迅速下降。由于夏季堆肥温度较高，该季节堆肥水的蒸散速率比秋季快。随后由于定期补水，S45和A45的含水量保持在38%~45%，S60和A60的MC保持在50%~59%。如图6.18所示，A45和A60的EC在后期逐渐稳定，而S45和S60的EC则缓慢上升，S45、S60、A45和A60最终堆肥的EC分别为2.44 mS/cm、2.71 mS/cm、2.11 mS/cm和2.23 mS/cm，表明45%的含水量可以降低青藏高原羊粪堆肥的EC值。夏季处理堆肥产物的C/N和E_4/E_6夏季低于秋季，并且45%含水量在两个季节均低于60%含水量。所有处理的GI在前4 d均低于50%，随后各处理的GI均迅速增加，堆肥第50天，S45、S60、A45和A60的GI分别为136.1%、128.6%、103.5%和81.2%。从图6.18可以看出，夏季堆肥产物的成熟度显著高于秋季。值得注意的是，45%含水量的堆肥产品成熟度在两个季节都优于60%，表明低含水量更有利于青藏地区的堆肥生产。

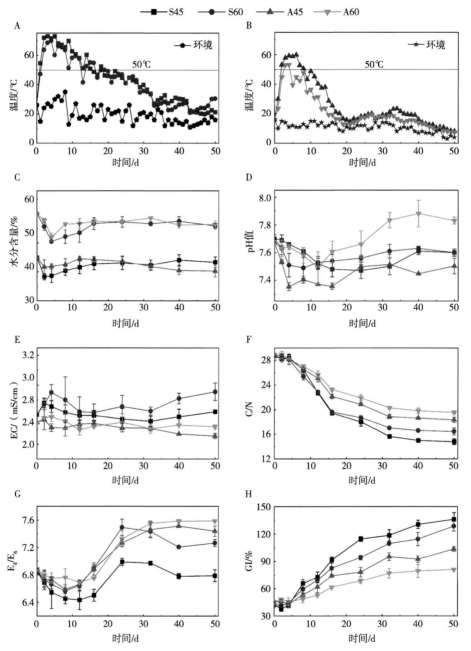

图6.18 堆肥过程中夏季堆肥温度（A）、秋季堆肥温度（B）、水分含量（C）、pH值（D）、EC（E）、C/N（F）、E_4/E_6（G）和GI（H）的变化

2. 堆肥过程微生物多样性和结构的变化

如图6.19所示，第0～2天，各处理细菌α多样性4个指数均迅速下降，其中S45最高，S60最低。第2～12天，S45的4个指数均呈下降趋势，其他处理的4个指数均呈上升趋势。

随后，各处理的α多样性指数均呈上升趋势，且S45低于其他处理。如图6.19所示，几乎在整个堆肥过程中，真菌的α多样性指数都低于细菌。各处理的Chao1指数在12 d内缓慢下降，在第12～24天呈上升趋势，且S45高于其他处理。S45、A45和A60的Observed species指数和PD whole_tree指数在堆肥过程中变化不大，而S60在成熟期迅速增加，显著高于其他处理。S60的Shannon指数在前12 d呈现下降趋势后迅速上升，第50天显著高于其他处理。

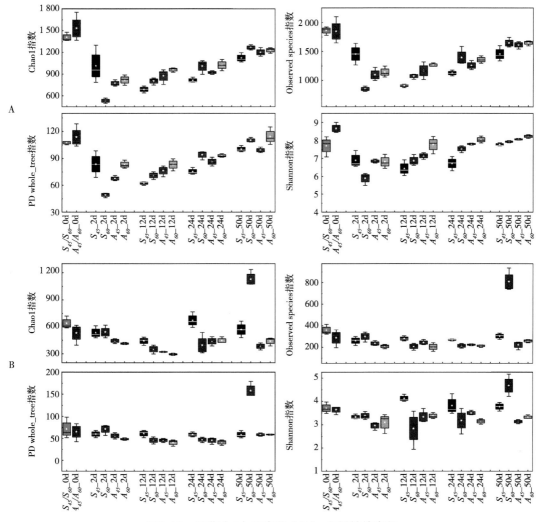

图6.19　细菌（A）和真菌（B）α多样性的变化

注：S45/S60_0d表示S45和S60在第0天的样品，S45_2d表示S45在第2天的样品。下同。

夏季堆肥原料中最丰富的属为*Jeotgalicoccus*和*Corynebacterium*，而秋季这两种菌的相对丰度均小于1%。堆肥第2天，S45和S60中*Bacillus*的丰度分别为14.7%和13.7%，远高于A45（0.51%）和A60（0.48%），A45和A60中*Pseudomonas*的丰度分别为14.1%和17.5%，S45和S60分别为1.76%和3.17%。S45的*Planifilum*丰度为14.7%，远高于其他处理。*Corynebacterium*、*Sphingobacterium*、*Cellvibrio*和*Devosia*也是嗜热阶段的重要细菌。

其中*Corynebacterium*在S45和S60中的丰度大于A45和A60，而*Sphingobacterium*、*Cellvibrio*和*Devosia*则相反。从第2～12天，各处理的*Pseudomonas*、*Bacillus*、*Corynebacterium*和*Jeotgalicoccus*呈现下降趋势，而*Aquamicrobium*、*Chelativorans*和*Persicitalea*等呈现增加趋势。同一时期，S45和S60的*Flavobacterium*呈下降趋势，而A45和A6呈上升趋势。在成熟阶段，A45和A60的细菌群落保持稳定，而S45和S60的*Aquamicrobium*、*Chelativorans*和*Persicitalea*的细菌群落呈下降趋势，*Devosia*和*Luteimonas*的细菌群落呈上升趋势。

如图6.20所示，原料中最丰富的真菌属主要为*Scedosporium*，*Candida*和*Aspergillus*等。从第2～12天，所有处理的*Scedosporium*、*Candida*和*Cyberlindnera*等的丰度迅速下降，而*Mycothermus*、*Melanocarpus*和*Remersonia*呈上升趋势。第12天，S45的*Aspergillus*，*Melanocarpus*和*Thermomyces*的丰度显著高于其他处理，S60的*Mycothermus*和*Emersonia*丰度最高，而A45和A60中*Scedosporium*、*Stolonocarpus*和*Metschnikowia*的丰度显著高于S45和S60。堆肥第24天，S60中*Scedosporium*、*Mycothermus*和*Remersonia*的丰度最高，而A45和A60中的*Lophotrichus*显著高于S45和S60。在成熟阶段，S60的*Mycothermus*和*Remersonia*的丰度迅速下降，而A45和A60的*Lophotrichus*丰度仍显著高于S45和S60。

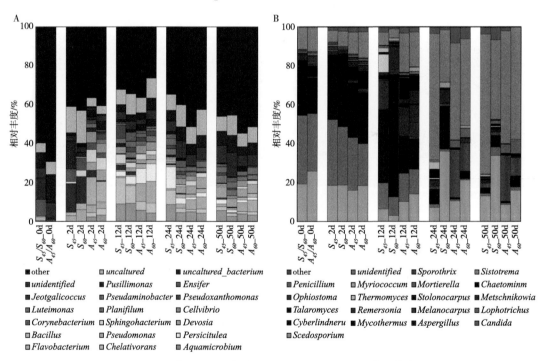

图6.20 细菌（A）和真菌（B）在属水平上的群落结构变化

3.堆肥过程微生物代谢功能的变化

细菌KEGG功能在一级水平结果如图6.21所示，代谢功能的功能基因相对丰富，占77.1%～81.9%，而遗传信息处理、细胞过程、环境信息处理和组织系统分别占10.9%～14.2%、4.13%～5.16%、2.02%～2.54%和0.26%～0.44%。堆肥原料中与人类病害有关功能的丰度约为0.4%，到堆肥第50天，S45、S60、A45和A60的丰度分别为0.29%、

0.29%、0.35%和0.36%。说明夏季堆肥消毒杀菌效果较好，这与堆肥温度密切相关。代谢功能的二级水平结果如图6.21所示，共有11条通路，主要是碳水化合物、氨基酸、辅因子和维生素代谢，在本研究中，夏季碳水化合物代谢丰度和氨基酸代谢丰度均高于秋季，45%含水量增加了这些功能基因的丰度。在整个堆肥过程中，各处理的脂质代谢、能量代谢、萜类和多酮类代谢的丰度均超过5%。采用FAPROTAX对细菌群落有机组分降解进行预测，共筛选出9种有机组分，结果如图6.21所示。堆肥第2天，S45和S60的木聚糖降解功能基因丰度分别为6.02%和5.44%，远高于A45和A60的1.63%和0.89%。从第2～12天，A45和A60的9种有机组分降解功能基因的总丰度呈下降趋势，而S45和S60则保持在原有水平。在冷却和成熟阶段，S45和S60中9种有机组分降解功能基因的总丰度呈下降趋势，而A45和A60中保持稳定。尿素降解菌在后期成为最重要的有机组分降解功能基因，且S45处理中其丰度高于其他处理。在整个堆肥过程中，S45和S60中纤维素和木聚糖降解功能基因的丰度高于A45和A60，且在堆肥前24 d，S45中纤维素和木聚糖降解功能基因的丰度高于S60。

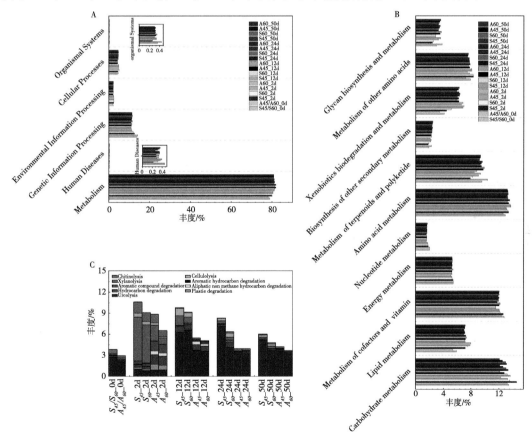

图6.21　堆肥过程中细菌群落功能在KEGG一级水平的变化（A）和"代谢"功能KEGG二级水平的变化（B），以及FAPROTAX分析的有机成分降解功能基因丰度（C）

真菌代谢途径相关基因丰度预测如图6.22所示，该图显示了丰度最高的前37条代谢途径，这些代谢途径在堆肥过程中表现出相同的趋势，即功能基因S45、A45和A60的丰度随着堆肥过程的进行逐渐降低。S60在堆肥前24 d呈下降趋势，随后迅速上升。S60在堆肥前24 d表现出与其他处理相同的趋势，但后期呈上升趋势，且在堆肥结束时高于其他处理。这些代谢途径的丰度在夏季高于秋季，尤其是在添加45%含水率后，说明夏季环境可以改善堆肥过程中真菌的代谢功能，低水分含量的效果更好。

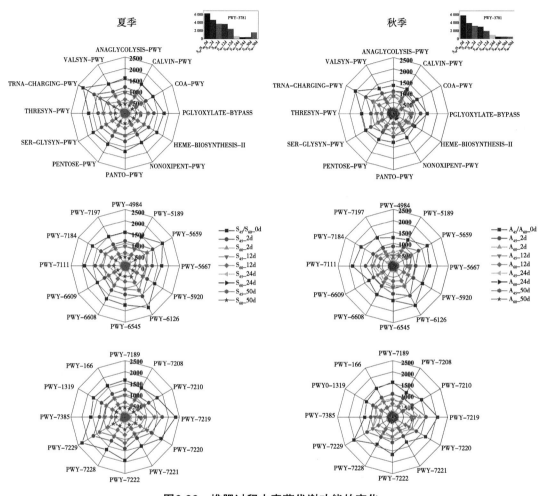

图6.22　堆肥过程中真菌代谢功能的变化

注：PWY-3781等代表具体代谢路径。S45/S60_0d表示S45和S60在第0天的样品，S45_2d表示S45在第2天的样品。

四、小结

水分和季节因素对青藏高原羊粪堆肥发酵有显著影响。夏季堆肥效率显著高于秋季，并且45%初始含水量优于60%，主要表现为有机组分降解率和堆肥成熟度较高。45%含水量能增加碳水化合物和氨基酸代谢功能基因的丰度，有利于富集纤维素、尿素和木聚糖等有机组分降解菌。

第六节　翻堆频率对羊粪堆肥发酵品质及酶活性的影响

氧气含量是影响堆肥发酵的重要因素，过低的氧气含量将严重影响堆肥中好氧微生物的生长代谢，另外，过低的氧气含量将促进厌氧微生物产生恶臭气体和温室气体，这将造成环境污染（Guo et al.，2012）。因此，补充氧气对解决低氧环境下青藏高原堆肥发酵迟缓、品质差等问题具有重要意义。条垛式堆肥可大规模处理有机废弃物，其较低的成本和简单的工艺适合大型牧场高效处理畜禽废弃物。翻堆是条垛式堆肥氧气补充的有效方式，根据先前的研究（Zhang et al.，2011；Liu et al.，2018），一般翻堆频率在每4～7 d翻堆1次有利于堆肥发酵。然而，由于高海拔、低温和缺氧等环境条件，常规的翻堆工艺可能不适用于青藏高原。因此，结合青藏高原气候特色研究适合于该地区堆肥发酵的翻堆频率十分必要。

本研究在青藏高原进行羊粪堆肥试验，设置不同翻堆频率处理组，通过测定堆肥过程中温度、C/N、GI等理化指标，明确翻堆频率对羊粪堆肥发酵效率和堆肥品质的影响。同时，通过分析堆肥过程中多种功能酶活性的变化，进一步阐明翻堆频率影响羊粪堆肥发酵效率和品质的机理，并为青藏高原大型牧场畜禽废弃物高效利用提供技术支撑。

一、研究地点

研究地点位于青海湖体验牧场。

二、研究方法

羊粪和油菜秸秆为堆肥原料。将油菜秸秆风干后粉碎，用作堆肥C/N和孔隙率调节剂。原料的主要理化性质如表6.6所示。羊粪和油菜秸秆按4∶1的比例混合均匀。本试验初始含水率调整为45%。本试验采用条垛式堆肥，堆肥长为8 m，宽2.5 m，高1.3 m，试验期36天（2021年9月1日至2021年10月6日）。试验设置5个翻堆频率处理，分别为1 d（T1）、2 d（T2）、4 d（T3）、6 d（T4）和8 d（T5）翻堆1次，每个处理分别进行3个独立重复试验。所有处理在堆肥前24 d定期补水，补水至初始含水率。经过0、4 d、8 d、12 d、16 d、20 d、24 d、30 d和36 d从堆体的不同深度采集多点样本。然后将样品均匀混合，分成两部分，一部分保存在4℃下进行理化参数分析，另一部分保存在-20℃下进行酶活性分析。各指标具体分析方法见前文。

表6.6　堆肥原料理化性质

指标	羊粪	油菜秸秆	混合物
SOM含量/%	74.2	96.8	78.6
TOC含量/%	43.1	56.4	45.8

续表

指标	羊粪	油菜秸秆	混合物
TN含量/%	2.43	0.83	2.11
C/N	17.7	67.9	21.7
pH值	7.75	5.21	7.69
EC/（mS/cm）	2.58	0.62	2.38

三、研究结果

1.堆肥过程理化指标及成熟度的变化

如图6.23所示，5个处理在堆肥初期温度迅速上升，第3天进入高温阶段（>50℃）。T2和T3在堆肥第2~10天的温度均在50℃以上，最高温度分别为65.7℃和62.8℃，升温效果优于其他处理。T4在第2~5天和第7~9天的温度超过50℃，而T1和T5的温度只有4 d超过50℃，T4、T1和T5的最高温度分别为59.1℃、54.3℃和58.6℃。以上现象说明每2 d或4 d翻堆1次有利于提高堆肥温度。随着易降解有机质的消耗殆尽，各处理的温度均呈下降趋势，表明堆肥趋于成熟。T2和T3在堆肥第19天温度开始接近环境温度，且显著低于其他处理，说明T2和T3可较早达到热稳定状态。在前4d，所有处理的pH值都有所下降。随后，各处理的pH值逐渐升高并趋于稳定。如图6.23C所示，所有处理的EC值在早期均有所增加，T2和T3处理的EC值比其他处理增加更快。随后，各处理的EC值先下降后稳定在2.2 mS/cm左右。在整个堆肥过程中，各处理的TOC含量均呈下降趋势，T2和T3处理TOC含量下降速度快于其他处理，说明每2天或4天翻堆一次可以提高堆肥中有机组分的降解速度。各处理的TN含量在初期呈下降趋势。随后，各处理的TN含量逐渐增加并趋于稳定。T2处理的TN含量增加速度快于其他处理，T3仅次于T2，而T1和T5的TN含量则低于其他处理。各处理的C/N和E_4/E_6在前期均处于较高水平，后期呈下降趋势并逐渐趋于稳定，表明堆肥逐渐成熟。堆肥结束时，T2和T3的C/N和E_4/E_6均低于其他处理，其中T2略低于T3，而T4和T5则高于其他处理。如图6.23H所示，在前4d，所有处理的GI都低于50%，随后，各处理的GI均迅速升高。堆肥第36天，T1~T5的GI分别达到76.4%、100.6%、97.8%、88.6%和78.4%。如图6.23I所示，各处理腐殖质含量在初始阶段迅速增加，然后逐渐稳定。到堆肥第36天，T1~T5的腐殖质含量分别为147.6 g/kg、165.8 g/kg、162.7 g/kg、154.3 g/kg和151.2 g/kg。从图6.23可以看出，每2 d或每4 d翻堆1次可以提高堆肥质量，缩短堆肥时间。T2堆肥质量略好于T3，但翻堆频率高于T3，会增加生产成本。T1和T5的温度和成熟度差于T2~T4。因此，青藏高原羊粪堆肥生产不宜每天或每8 d翻堆1次。

根据5个处理的理化指标和成熟度变化，本研究选择T2、T3和T4进一步分析酶活性的变化。

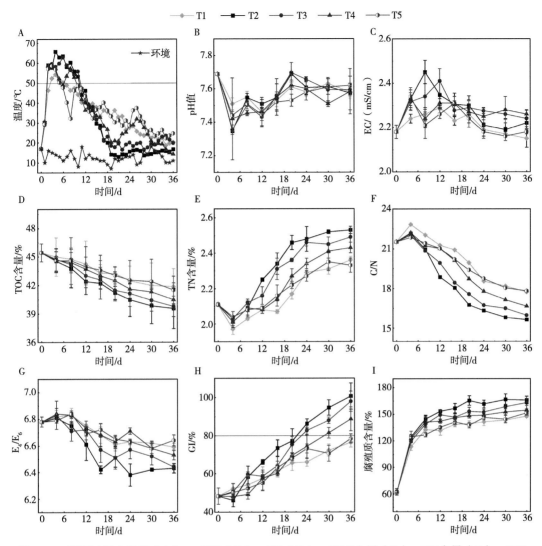

图6.23　堆肥过程中温度（A）、pH值（B）、EC（C）、TOC含量（D）、TN含量（E）、C/N（F）、E₄/E₆（G）、GI（H）、腐殖质含量（I）的变化

2. 堆肥过程酶活性的变化

堆肥过程蛋白酶活性的变化如图6.24所示，所有处理的蛋白酶活性均在堆肥初期快速上升，其中T2组的上升速度最快，并在堆肥第4天和第8天高于T3和T4。随着堆肥进行，各组蛋白酶活性均不同程度的下降，其中T3组的下降速度最快，并在堆肥第12～24天低于其他处理。各处理的脲酶活性在堆肥初期处于较低水平。堆肥第4～20天，各处理的脲酶活性呈现上升趋势，并在随后保持稳定状态。T2组的脲酶活性在堆肥第8～12天高于另外两组，而T4组在堆肥中后期均低于其他处理。3个处理的纤维素酶和β-葡萄糖苷酶活性在堆肥初期快速上升。T2组和T3组的这两种酶活性在堆肥中期维持在较高水平，而T4组则呈现下降趋势。T2的纤维素酶和β-葡萄糖苷酶活性在堆肥前中期的大部分时间高于其他处理，而T4组则低于其他处理。如图6.24所示，3个处理的过氧化物酶和多酚氧化酶活性在堆肥前中快速上升。T2组的过氧化物酶和多酚氧化酶活性在该阶段具有最快的增长速度，进而高于其他处理，T4组则恰好相反。堆肥后期，T2组和T3组的过氧化物酶和多酚氧化酶活性在堆肥后期保持稳定状态，而T4组则呈现缓慢上升趋势。

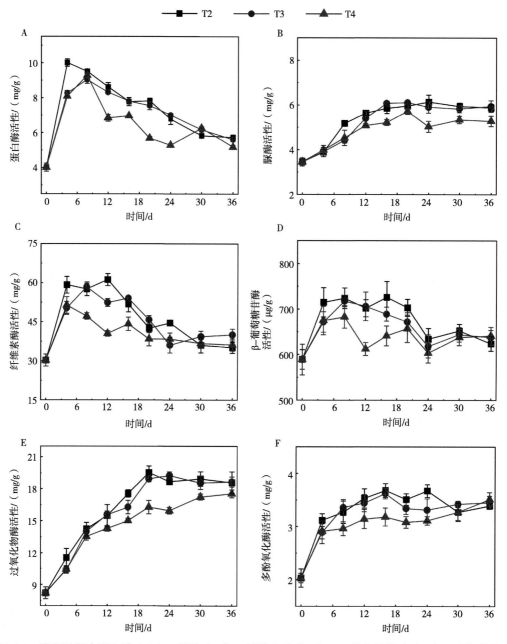

图6.24　堆肥过程中蛋白酶（A）、脲酶（B）、纤维素酶（C）、β-葡萄糖苷酶（D）、过氧化物酶（E）、多酚氧化酶（F）活性的变化

四、小结

适当增加翻堆频率可促进堆体升温、延长堆体高温期和提升堆肥GI，还能提升堆肥过程中蛋白质酶、脲酶、纤维素酶、β-葡萄糖苷酶、过氧化物酶及多酚氧化酶活性。

第七节　粉碎预处理对羊粪堆肥发酵品质和有机物转化的影响

由于青藏地区干旱的气候特征，羊粪质地非常干燥坚硬，水很难均匀进入其颗粒，导致堆肥发酵不均匀、不完全。此外，羊粪中难以降解的木质素含量较高，木质素的降解是堆肥的限速过程，对堆肥效率和腐殖质形成有很大影响。在此基础上，寻找破坏羊粪结构特性的方法，促进木质素的降解转化，对于羊粪在青藏高原上的高效利用具有重要的现实意义。

粉碎可以破坏复杂堆肥材料的结构，有利于堆肥材料的均质化，已广泛应用于厨余垃圾（Ermolaev et al., 2019）、鸡粪（Wu et al., 2019）、园林垃圾（Si et al., 2019）、秸秆原料（Liu et al., 2021）。但由于破碎后孔隙率显著降低，青藏高原上稀薄的氧气含量可能导致堆内严重缺氧，增加堆肥的厌氧发酵，从而影响堆肥的发酵效率和质量。目前，关于羊粪经过粉碎预处理后的堆肥处理鲜有报道，因此有必要对此进行研究，以丰富这一领域的知识。

本研究在羊粪粉碎后进行堆肥试验，设置粉碎预处理下的高频翻堆处理。通过测定其理化性质研究了粉碎处理对发酵品质和有机成分降解的影响。

一、研究地点

研究地点位于青海湖体验牧场。

二、研究方法

堆肥试验于2021年9月1—20日在青海湖体验牧场，试验堆体采用长、宽、高为2 m×1 m×0.8 m的条垛式。堆肥试验以羊粪与木屑干重比为3∶1进混合而成，堆体含水量为50%。本试验设置羊粪粉碎后2 d翻动1次（CT2组）和4 d翻动1次（CT4组）两种翻堆频率，以未粉碎为对照（CK），每个处理设置3个独立重复。试验在第0天、第2天、第4天、第8天、第12天、第16天和第20天进行取样。各指标测定方法如前文所述。

三、研究结果

1. 堆肥过程理化指标及成熟度的变化

如图6.25所示，CT2组和CT4组第1天的温度超过60℃，第2天接近70℃，CK组第1天和第2天的温度分别为30.1℃和48.2℃。CT2组前6 d温度超过60℃,前9 d温度超过50℃。在第3～4天和第7～9天,CT4组温度显著低于CT2组。由于微生物对有机质的利用效率低于CT2组,CK组的温度从未超过60℃,只有5 d超过50℃。如图6.25所示,CT2组和CT4组在整个阶段的EC都高于CK组,这可能是由于破碎可以直接增加引起EC生长的小分子物质的含量,也可以促进有机物快速分解和矿化为小分子组分。所有处理的C/N在前12 d迅速下降,随后,各处理的C/N缓慢下降,并逐渐趋于稳定。堆肥第20天,CT2组与CT4组和CK组相比,其C/N分别降低了11.7%和13.9%。如图6.25所示,CT2、CT4和CK的最终E_4/E_6分别为6.39、6.53和6.58,说明CT2组可能具有最成熟的堆肥产物。根据GI>80%即可表示堆肥成熟,CT2组在第12天成熟,而CT4和CK在第20天成熟,说明CT2可以提高堆肥效率。堆肥结束时,CT2组、CT4组和CK组的GI分别为96.2%、81.5%和84.2%,说明粉碎处理和每2 d翻1次可提高堆肥产物的成熟度和安全性,有利于植物种子的萌发和生长。

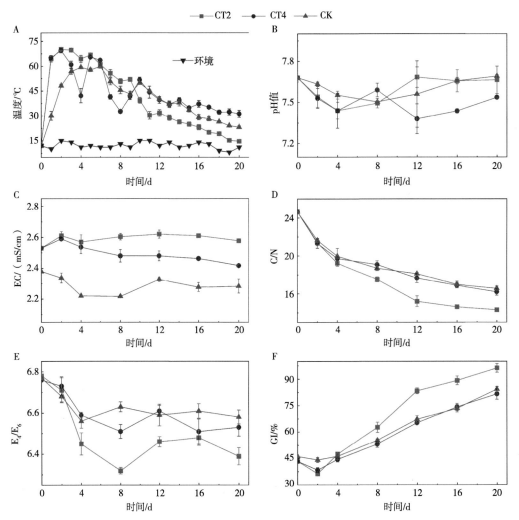

图6.25　堆肥过程中温度（A）、pH值（B）、EC（C）、C/N（D）、E_4/E_6（E）、GI（F）的变化

2. 堆肥过程有机成分降解的变化

从图6.26可以看出，所有处理的有机质在前期都是快速降解，然后逐渐减缓，到堆肥第20天，CT2组、CT4组和CK组的降解率分别为42.1%、36.4%和34.2%，说明粉碎处理和每2 d翻堆1次可促进有机质降解。如图6.26所示，木质素在嗜热期降解迅速。随后，木质素降解逐渐减缓。堆肥结束时，CT2组、CT4组和CK组的半纤维素和纤维素降解率分别为51.3%、41.2%、39.8%和52.9%、44.8%、42.6%，木质素的降解率分别为

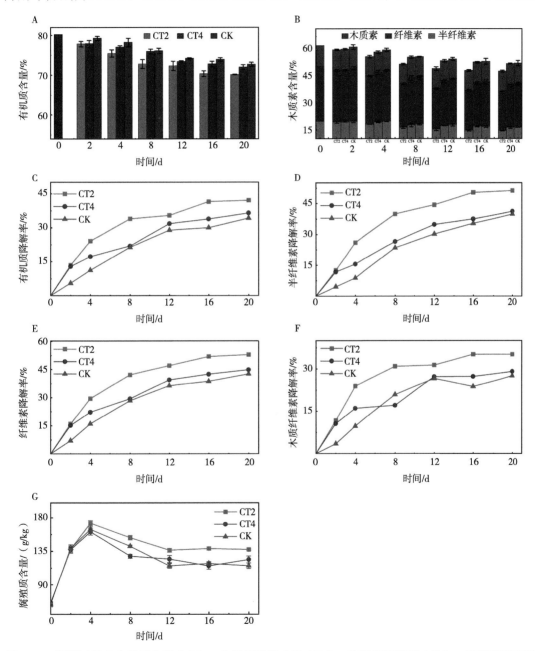

图6.26　堆肥过程中有机质含量（A）、木质纤维素含量（B）、有机质降解率（C）、半纤维素降解率（D）、纤维素降解率（E）、木质素降解率（F）和腐殖质含量（G）的变化

35.2%、29.1%和27.5%。CT2组对半纤维素、纤维素和木质素的降解率均显著高于CT4组和CK组。如图6.26所示，各处理腐殖质含量在堆肥初期迅速增加。随后，各处理腐殖质含量呈缓慢下降趋势。CT2组的腐殖质含量高于其他处理，说明粉碎处理和每2 d翻堆1次可以促进腐殖质的形成，提高堆肥质量。

四、小结

粉碎预处理可提高青藏高原羊粪堆肥效率，其有机物和木质素降解率提高20%以上，堆肥产物成熟度显著提高。

第八节　牛粪堆肥高效腐熟剂的应用与发酵工艺优化

青藏高原牛粪废弃物产量大。如果处理不当，这些废弃物将严重破坏牧场周边的生态环境，并对牧场工作人员和畜禽的生命健康产生严重威胁。好氧堆肥已被证实是将畜禽粪便转化为优质有机肥料的有效途径，其具有低成本和高转化效率的优点，已被广泛应用于各种固体废弃物的资源化利用中。然而，青藏地区的气候特色对该地区堆肥发酵具有较大影响。因此，提升该地区牛粪堆肥发酵速率和改善堆肥产品品质具有重大意义。

与青藏地区羊粪堆肥相同，发掘牛粪堆肥高效腐熟剂及优化发酵工艺具有重要意义，而目前类似的研究鲜有报道。因此，有必要进行研究与探讨。

本研究依据青藏地区的气候和牛粪特点，在前期筛选的目标菌株中组合出4套复合添加剂，添加至牛粪中进行堆肥试验，进而筛选最佳微生物腐熟剂。随后，对牛粪堆肥生产工艺进行优化。工艺优化首先进行单因素试验，从菌剂添加量、秸秆添加剂种类、C/N、翻堆频率、初始含水量5种单因素中选择3种对牛粪堆肥发酵影响最大的单因素。将选择的3种单因素进行响应面法分析，得出青藏高原牛粪快速腐熟的最佳生产工艺，并进行验证。

一、研究地点

研究地点位于湟水河智慧牧场。

二、研究方法

将牛粪和油菜秸秆按4∶1的比例混合做堆肥原料。试验采用条垛式堆肥，堆肥长为2 m、宽1.5 m、高0.8 m，堆肥周期为36 d。堆肥初始含水率为60%，在堆肥前24 d进行定期翻堆和补水每4 d翻堆补水1次，每次补水至初始状态。试验设置4个复合菌剂添加处理，T1添加枯草芽孢杆菌、地衣芽孢杆菌、假单胞菌、粪产碱菌和里氏木霉，T2添加枯草芽孢杆菌、假单胞菌、酵母菌和米曲霉，T3添加、地衣芽孢杆菌、酵母菌、乳酸菌和绿色木霉，T4添加枯草芽孢杆菌、地衣芽孢杆菌、假单胞菌和绿色木霉。每个处理设置3个独立重复。

在菌剂添加试验基础上，进一步对牛粪发酵工艺进行优化，从菌剂添加量（1%、1‰、2%和3%）、秸秆添加剂种类（青稞秸秆、油菜秸秆、豌豆秸秆）、C/N（25∶1、28∶1、30∶1）、翻堆频率（2 d、4 d、8 d翻堆1次）、初始含水率（50%、55%、60%）5种单因素中选择3种对牛粪堆肥发酵影响最大的单因素。将选择的3种单因素进行响应面法分析，得出青藏高原牛粪快速腐熟的最佳生产工艺，并进行中试验证。

测定堆肥过程温度、有机质降解率、pH值、EC、C/N和GI，具体测定方法见前文。

三、研究结果

复合菌剂对牛粪堆肥温度影响情况如表6.7所示，T1的升温效果和高温期均优于其他处理，并且最高温度也高于其他菌剂。复合菌剂添加试验堆肥结束时理化指标和成熟度情况如表6.8所示，T1的有机质降解率和GI均高于其他处理。

表6.7　复合菌剂添加试验的堆体温度情况

处理	24 h后温度/℃	升至50℃所用天数/d	>50℃天数/d	>60℃天数/d	最高温度/℃
T1	51.3	1	13	6	68.2
T2	42.8	2	11	4	64.5
T3	33.7	3	8	3	60.2
T4	44.3	2	10	4	62.7

表6.8　复合菌剂添加试验堆肥结束时理化指标和成熟度情况

处理	有机质降解率/%	pH值	EC/（mS/cm）	C/N	GI/%
T1	48.6	8.18	2.48	18.4	102.3
T2	42.1	8.12	2.64	19.2	94.2
T3	31.7	8.34	3.02	20.7	84.6
T4	44.6	8.13	2.57	19.3	96.7

利用Design-Expert软件预测的最佳工艺见表6.9。进一步试验发现，55%含水率、3%的菌剂添加比例和28∶1的C/N工艺下（表6.10），牛粪发酵迅速，高温期达15 d，最高温度超过72℃。该工艺下的堆肥有机成分降解率较高，其中有机质降解率为50.1%，半纤维素、纤维素和木质素降解率分别达52.3%、56.4%和32.7%。该工艺下的堆肥产品成熟度较高，其GI达118.6%。

表6.9　工艺优化中Design-Expert软件预测结果

含水率/%	菌添加量/%	C/N	有机质降解率/%
54.61	2.94	27.82：1	49.98

表6.10　工艺优化中试试验温度及堆肥结束时各指标情况

指标	结果	指标	结果
24 h后温度/℃	53.4	C/N	17.2
升至50℃所用天数/d	1	有机质降解率/%	50.1
>50℃天数/d	15	半纤维素降解率/%	52.3
>60℃天数/d	8	纤维素降解率/%	56.4
最高温度/℃	72.1	木质素降解率/%	32.7
pH值	8.33	总养分含量/%	7.23
EC/（mS/cm）	2.18	GI/%	118.6

四、小结

将枯草芽孢杆菌、地衣芽孢杆菌、假单胞菌、粪产碱菌和里氏木霉等比例配比而成的复合菌剂发酵效果最佳。55%含水率、3%的菌剂添加比例和28：1的C/N下，牛粪降解效果最佳。

第九节　牧场生态循环利用模式的构建

青海地处"三江源头"，被公认为世界四大超净区之一，在全国具有特殊的生态地位。保护好青海的生态资源，尤其是保护好三江源中华水塔，是关系国家生态的大事，对全国生态具有重大意义，不仅永续造福青海人民，维护藏区社会稳定，更为下游乃至全国的生态建设提供保障。

牧场是青海畜牧业和种植业重要载体，实现牧场畜牧业和种植业等有机循环对青海省及青藏高原生态建设具有现实意义。本研究依据大型牧场畜牧养殖和农产品种植情况，构建畜禽废弃物资源化利用-饲草加工种植-肉牛繁殖技术-畜禽废弃物资源化利用的牧场生态循环利用模式，以期推动青海地区牧场生态文明建设、绿色发展。

一、研究地点

研究地点位于湟水河智慧牧场。

二、研究方法

本研究将前期生产牛粪有机肥施于农田，然后进行饲料玉米品种优化栽培种植。研究于2021年对垦玉10号进行有机混合化肥栽培示范，具体技术手段为播种行距40 cm，株距22 cm，亩保苗数7 000株，分别于5月初、5月中旬和6月上旬完成覆膜播种、放苗和苗期田间杂草的化学防治等工作，于10月初进行收获。试验设置两个处理，其中处理组为有机肥处理组（每亩400 kg），对照组仅施每亩40 kg。

将收割玉米交由湟水河智慧牧场用于饲喂肉牛，肉牛产生的废弃物进行堆肥化处理得到有机肥，进而形成畜禽废弃物资源化利用-饲草加工种植-肉牛繁殖技术-畜禽废弃物资源化利用的牧场生态循环利用模式。

三、研究结果

使用有机肥处理亩产鲜重和干重较对照分别增加了21.58%和31.03%；有机肥处理组CP含量为8.2%，而对照组为6.83%；处理组的可溶性糖（WSC）显著低于对照组7.73%，而ADF显著高于对照组14.32%。上述结果表明在饲料玉米种植中底肥加施有机肥可以生产更加高产、优质的青贮用饲料玉米（表6.11）。

表6.11　不同栽培方式下产量和品质表现

处理	亩产鲜重/kg	亩产干重/kg	CP/%	WSC/%	NDF/%	ADF/%
有机肥+化肥	7 741.4	1 126.7	8.20	23.3	72.3	44
化肥	6 070.7	777.05	6.83	25.1	72.7	37.7

注：CP、WSC、NDF、ADF为干物质含量。

四、小结

使用有机肥可以显著提升饲用玉米的产量和品质，产量提升可达20%以上，CP含量提升10%以上。

将收获的玉米进行肉牛育肥和繁殖，再将肉牛产生的废弃物进行堆肥处理，进而实现畜禽废弃物资源化利用-饲草加工种植-肉牛繁殖技术-畜禽废弃物资源化利用的牧场生态循环利用模式。

第七章　林下经济产业经营技术体系构建

据《青海省第三次全国国土调查主要数据公报》，青海省现有林地面积460.36万hm^2，果园面积0.39万hm^2，然而林下经济开发规模不足林地总面积的1%，大面积的林下土地资源利用并不充分，更没有充分发挥林草复合系统强大的生态和经济功能。2012年青海省政府办公厅就已出台《关于加快林下经济发展的意见》，明确指出要大力发展林药林菌种植、林下生态家禽养殖、林下特种养殖及森林景观利用等为主的林下经济生产模式。林间种草或林间天然草地补播实施生态放养鸡和羊是一种"林草复合、以草养鸡养羊、以粪养林养草"的生态种养结合、循环农业高质量发展的模式，对改善区域生态环境和促进林下经济高质量发展具有重要意义。

有"世界屋脊"之称的青藏高原是我国的重要畜牧业基地和绿色生态屏障。因其独特的高海拔地形地貌、气候、光照及水资源等条件，青藏高原草地畜牧业产品丰富、品质优良，牦牛乳、藏羊肉和有机食品特色明显。然而，关于青藏高原林间种草或林间天然草地补播实施生态放养鸡和养羊的技术模式研究报道相对较少。在此背景下，本研究旨在开展林下经济等特色产业经营技术体系构建的研究，为青藏高原林-草-羊/林-草-鸡生态种养融合发展模式的建立与推广应用提供理论依据和技术支撑。

第一节　林-草-鸡生态种养结合技术体系构建

一、研究地点

研究地点位于青海湖体验牧场。

二、研究方法

林地选择：选择林地郁闭度小于0.6的林地，以保证林下牧草正常生长对光照的需求；平地或坡度小于15°的坡地，便于实施补播和管理；林地的空气质量、生态环境质量及饮用水的水质标准符合NY/T 388—1999《畜禽环境质量标准》的要求。

草种选择：选择具有较强的抗寒性、耐荫性、抗旱性和抗病虫性，适宜青藏高原规模种植且鸡喜食的草种。豆科和禾本科草种子质量符合GB 6141—2008《豆科草种子质量分级》和GB 6142—2008《禾本科草种子质量分级》中的3级以上规定要求；其他科草种的种子要求成熟饱满，纯净度90%以上、发芽率85%以上。

沙棘林间草地补播改良：草地补播的时间宜选择在4月底或5月初进行，可采用机械或人工单播或混播方式，混播时可选至少2种以上适宜青藏高原林间补播的草种，每个混播草种组合至少要有1种豆科草种。林间补播草地采用机械条播，行距15～20 cm，补播草种的实际播种量根据选用的草种及其混播组合比例的具体情况而定。

如果是不具有人工灌溉条件的林地，应在自然降雨前完成草地补播；具有人工灌溉条件的林地，草地补播前或补播后浇透水1次。补播时可同时追施氮磷钾复合肥1次，推荐施肥量为尿素300 kg/hm^2。

选择补播草种有紫花苜蓿+箭筈豌豆+白豌豆+中华羊茅+草地早熟禾+同德短芒披碱草+冷地早熟禾，建植草地3.33 hm^2，机械条播、混合播种，行距为15 cm。

选择体重相近、12周龄的健康红羽鸡、黑凤鸡、白土鸡等3种鸡，采用单因子完全随机设计，根据品种将其分为3组，每组3次重复，每重复40只鸡，分别饲养在小型"别墅式"鸡舍。采用林下补播改良草地低密度放养（750只/hm^2）+精料补饲的养殖方法，每只鸡每日精料补饲量为正常营养需要量的85%，于每天7:00—7:30和18:00—18:30各补饲1次，其余时间在草地放养。试验期75 d，测定鸡的生长性能和肉品质。

三、林间草地补播改良技术

经本研究团队筛选和综合评价，推荐青藏高原适宜林间补播的草种可选箭筈豌豆、白豌豆、紫花苜蓿、燕麦、同德短芒披碱草、垂穗披碱草、老芒麦等。推荐林–草–鸡生态种养结合模式下补播饲用油菜+箭筈豌豆+披碱草+燕麦，机械条播，行距为15 cm，播种量为34.5 kg/hm^2。

四、林间补播改良草地适宜放养鸡品种选择及其肉蛋品质评价

1. 不同鸡品种屠宰性能及肉品质

红羽鸡的日增重、活体重、屠体重、全净膛重、胸肌重和腿肌重分别为16.32 g、1 969.27 g、1 769.50 g、1 359.37 g、144.53 g和126.23 g，均显著高于白土鸡和黑凤鸡（$P<0.05$）（图7.1）；腿肌CP、粗脂肪、灰分、肌苷酸、总氨基酸和必需氨基酸含量分别为19.80 g/100 g、3.43 g/100 g、1.13 g/100 g、1.66 mg/g、18.51 g/100 g和7.27 g/100 g（图7.2）；红羽鸡的胸肌CP、粗脂肪、灰分、肌苷酸、总氨基酸和必需氨基酸含量分别为24.03 g/100 g、0.88 g/100 g、1.17 g/100 g、2.59 mg/g、22.39 g/100 g和8.7 g/100 g（图7.3）。与白土鸡和黑凤鸡相比，红羽鸡的胸肌CP、总氨基酸和必需氨基酸含量分别提高0.42%～1.55%、0.12%～0.33%和0～0.35%，肌肉营养价值和品质较好（图7.3）。

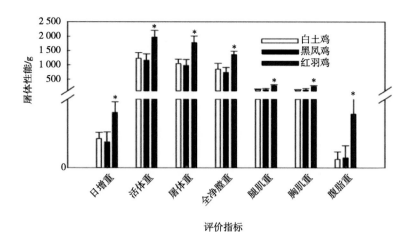

图7.1　沙棘林间补播改良草地放养对三种鸡屠体性能的影响

注：*表示差异显著。

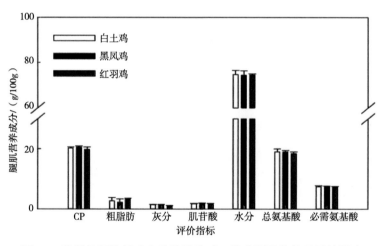

图7.2　沙棘林间补播改良草地放养对三种鸡腿肌营养品质的影响

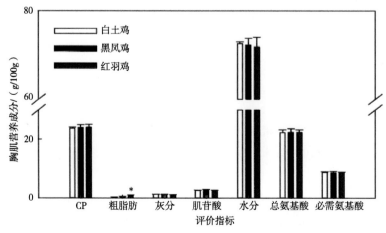

图7.3　沙棘林间补播改良草地放养对三种鸡胸肌营养品质的影响

注：肌苷酸含量单位为mg/g。

2.不同饲养方式下红羽鸡的活重、屠体重和全净膛重

林下草地放养组22周龄红羽鸡的活重、屠体重和全净膛重分别为3 470 g、3 263 g和2 437 g，与对照组相比分别显著提高11.94%、11.25%和15.66%（$P<0.05$）（图7.4）；放养组红羽鸡腹脂重53.33 g，比对照组显著降低54.29%（$P<0.05$）。

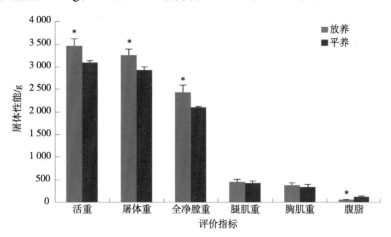

图7.4　青藏高原林间补播草地生态放养对红羽鸡屠体性能的影响

3.不同饲养方式下红羽鸡肌肉营养品质

林下草地放养组，红羽鸡胸肌干物质、CP、灰分、肌苷酸和必需氨基酸含量分别为28.83 g/100g、85.45 g/100g、8.24 g/100g、5.22 mg/g和23.92 g/100g，与对照组相比分别提高4.98%、7.01%、28.11%、66.40%和7.58%，但仅胸肌肌苷酸含量差异显著（$P<0.05$）（图7.5）；林下草地放养组腿肌CP、灰分、肌苷酸、总氨基酸和必需氨基酸含量分别为81.37 g/100g、8.38 g/100g、4.47 mg/g、69.66 g/100g和32.71 g/100g，与对照组相比分别提高0.23%、39.51%、81.98%、9.21%和18.01%，但仅腿肌肌苷酸含量差异显著（$P<0.05$）（图7.6）。

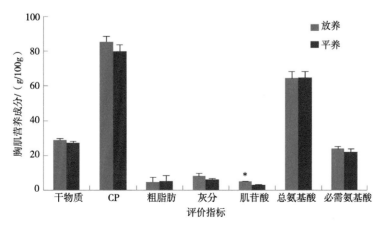

图7.5　青藏高原林间补播草地生态放养对红羽鸡胸肌肌肉营养成分的影响

注：肌苷酸含量单位为mg/g。

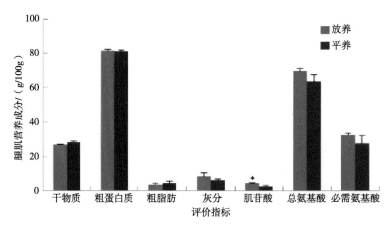

图7.6 青藏高原林间补播草地生态放养对红羽鸡腿肌肌肉营养成分的影响

注：肌苷酸含量单位为mg/g。

4. 不同饲养方式下红羽鸡蛋品质

林下草地放养组平均蛋重和蛋黄重分别为55.03 g和16.13 g，与对照组相比分别提高6.25%和6.09%，但无显著差异（P>0.05）（图7.7）。

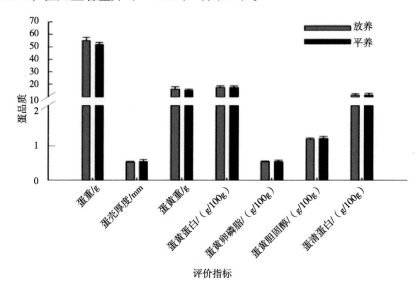

图7.7 青藏高原林间补播草地生态放养对红羽鸡蛋品质的影响

五、小结

推荐青藏高原适宜林间补播的草种可选箭筈豌豆、白豌豆、紫花苜蓿、燕麦、同德短芒披碱草、垂穗披碱草、老芒麦等，具体补播技术已制定全国团体标准《青藏高原人工林间补播草地生态放养鸡技术规程》。

综合上述高原沙棘林间补播改良草地低密度放养对三种鸡的屠体性能、腿肌和胸肌肉品质的综合影响分析，沙棘林间补播草地放养红羽鸡的生长性能、屠体性能及肉品质优于白土鸡和黑凤鸡。同时，本研究发现红羽鸡的肌肉CP、粗脂肪、肌苷酸、总氨基酸及必需氨基酸等营养成分含量与北京油鸡、新广黄鸡和文昌鸡等地方品种鸡相当，这也充分表明青藏高原沙棘林间补播草地生态放养红羽鸡的营养品质和风味较好。因此，推荐红羽鸡是适宜青藏高原沙棘林间补播草地生态放养的鸡品种。

青藏高原林间补播草地生态放养改善了红羽鸡屠体性能和肉蛋品质，并且放养期可平均节约精料15%，经济效益明显。本研究初步明确了林间补播草地放养对红羽鸡生产性能的改善效果，为青藏高原地区林-草-鸡种养结合关键技术研发提供基础数据。

第二节　林-草-羊生态种养结合技术体系构建

一、研究地点

研究地点位于青海湖体验牧场。

二、研究方法

完成了林下补播和林缘草地（林地自然饲草、燕麦草、饲用油菜和蚕豆秧）混合青干饲草+精料补饲养殖9月龄欧拉羊的试验研究，对照组以燕麦草干草为基础配制TMR日粮，每组分别为10只公羊和5只母羊，预试期7 d，正试期60 d。

三、林间优质饲草养羊及其屠宰性能和肉品质评价

试验组宰前活体重、胴体重、净肉重和眼肌面积分别较对照组提高了0.23%、14.43%、17.33%和45.26%，胴体脂肪含量值显著增加了104.77%（$P<0.05$）（图7.8）。

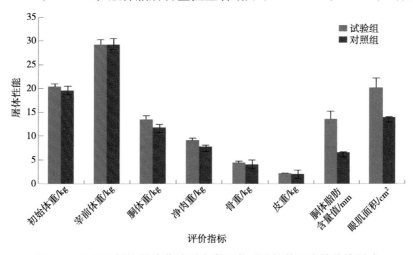

图7.8　林下补播和林缘草地混合青干草对欧拉羊屠宰性能的影响

林下补播改良和林缘草地养殖欧拉羊试验组的羊背最长肌的干物质、CP、粗脂肪、粗灰分含量分别较对照组增加了2.40%、6.37%、44.23%和13.33%（图7.9）。

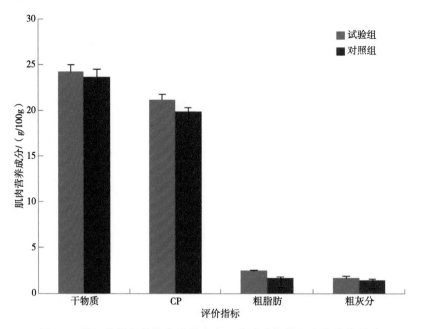

图7.9 林下补播和林缘草地混合青干草对欧拉羊肌肉营养的影响

四、小结

明确了林下补播和林缘草地（林地天然饲草、燕麦草、饲用油菜和蚕豆秧）混合青干饲草+精料补饲养殖对欧拉羊生产性能的改善效果，为青藏高原地区林-草-羊种养结合关键技术研发提供基础数据。

第八章　生物土壤结皮与CMC/Si复合保水剂固沙技术

作为世界第三极的青藏高原，是对全球天气气候影响最为显著的自然地貌之一，也是在当今全球气候变暖的大环境下"体质最敏感"的自然地貌之一（郭军凯，2010）。其巨大陆表深入对流层中部，热力效应直接作用于大气，不但形成了亚洲气候格局，甚至会导致北半球乃至全球气候变异。而在青藏高原北部分布着北半球中纬度面积最大的沙漠群，与包括青藏高原在内的其他下垫面相比，沙漠具有地表反照率大、土壤热容量小、含水量低、蒸发率高等特点，是地球系统中重要的感热源，同样对全球和区域能量平衡及气候变化和变异具有重要作用（李耀辉等，2021）。

青藏高原由于独特的地理、地质和气候环境，加上人为不合理的经济活动，形成了大面积的荒漠化土地，总体还有蔓延的趋势。随着西部大开发的进行、盆地人口的增加，建设、人口及资源问题与环境保护间的矛盾已不同程度地出现在我们面前，而且这些矛盾还将随着时间的推移越来越突出。它已严重影响到柴达木盆地乃至青海省经济的可持续发展和当地人民群众生产生活（田广庆等，2011）。因此，对该地区的荒漠化发展状况进行研究，并提出相应的防治对策和措施，具有重要的现实与理论意义。

现如今，国内外比较常见的固沙技术主要可以分成4类：工程固沙、化学固沙、植物固沙与综合固沙（王涛，2011）。其中工程固沙是指，根据风沙移动规律与风沙环境特征，在沙地表面设置障碍物，防止沙丘运动，起到防风固沙的作用；化学固沙是指将化学黏结材料喷洒在易发生沙害的土地表面，起到保水增肥与沙地固结的目的；植物固沙是指通过在荒漠地区栽种植被，达到防止沙漠侵蚀，改善沙漠的生态环境质量的一种固沙措施；综合固沙就是将以上两种或两种以上的固沙方式结合起来从而达到防沙固沙的目的。由于地理位置的不同、天气气候的不同和沙漠化程度的不同，每种固沙方式在其应用当中都或多或少存在一些问题与不足，因此综合固沙成为当下主流的固沙方法。

生物土壤结皮（biological soil crusts，BSCs）是由隐花植物如蓝藻、荒漠藻、地衣、苔藓类和土壤中微生物，以及相关的其他生物体通过菌丝体、假根和分泌物等与土壤表层颗粒胶结形成的十分复杂的复合体，是干旱半干旱荒漠地表景观的重要组成之一（West et al.，1990；Eldridge et al.，1994；Belnap et al.，2001；张元明等，2010）。生物土壤结皮是荒漠植物群落演替的先锋类群，能够提高荒漠地表的稳定性，固定碳和氮等营养元素，增加土壤肥力，并在保持土壤水分方面发挥重要作用，因此在干旱区受损地表的生态修复方面具有广阔的应用前景（周晓兵等，2021）。本研究以青海湖体验牧场的荒漠沙地为试验样地，将采取工程固沙、化学固沙与生物固沙相结合的综合固沙方式，分析通过生物结皮在野外沙地接种进行固沙过程当中的沙壤理化性质、生物结皮生长状态以及其抗风蚀能力等因素的改变，综合评价这种固沙方式的实际效果。

第一节　草地和荒漠生态系统生物土壤结皮对土壤养分及酶活性的影响

生物土壤结皮（BSCs）广泛分布于全球各类生态系统当中，约占地球表面积的12.2%（Rodriguez et al.，2018）。已有许多研究表明，BSCs可以增强土壤团聚性和稳定性，改善土壤通气和孔隙度，促进维管植物生长以及提高微生物群落的相对丰度（Chiquoine et al.，2016；范瑾等，2021；秦福雯等，2019），尤其是在如干旱、半干旱、极地、亚极地生态系统中充当植物群落演替的先锋种（罗征鹏等，2020），能起到维持地表的稳定性，固定碳和氮等营养元素，增加土壤肥力，并在保持土壤水分方面发挥重要作用（Sancho et al.，2016；Barger et al.，2016；张思琪等，2021）。

BSCs主要可以分为：藻结皮、地衣结皮、苔藓结皮和混合结皮4个类型（贺韵雅等，2011）。由于生存环境内土壤基质（高广磊等，2014）、土壤理化性质（肖波等，2007）、气候类型（Xu et al.，2022）、土壤酶活性（周智彬等，2004）等非人为干扰因素与放牧（李新凯等，2018）、开垦（叶菁等，2015）等人为干扰因素会对不同类型BSCs的生长产生不同影响。在长期受到干扰或干扰较为严重的生态环境中，BSCs主要以藻结皮占优势地位结皮群落组成（乔羽等，2022），干扰会明显降低苔藓结皮与地衣结皮的占比（李新凯等，2018）；在相对干燥且干扰较轻的稳定区域当中，地表BSCs覆盖主要会以地衣结皮为优势类型（Zhang et al.，2021）；而处于相对潮湿或有利于水分凝结的微地表区域，更有助于苔藓结皮的生长与繁殖（韩彩霞等，2016）。

BSCs具有显著改变土壤pH值、SWC、土壤养分含量以及土壤有机碳含量的功能（Li et al.，2009；邓杰文等，2022）。藻结皮的主要功能就包括氮素的固定（苏延桂等，2012）对温带荒漠地区的藻结皮固氮能力进行了研究，发现藻结皮具有显著的固氮能力和固氮活性与结皮恢复时间呈显著正相关；并且一些由藻类和真菌组成的地衣结皮同样拥有固氮能力（樊瑾等，2021）；而苔藓结皮的分解也是干旱地区土壤养分的重要来源之一，尤其是植物生长所需的氮和磷（程才等，2020）。由于藻结皮、地衣结皮和苔藓结皮可以进行光合作用，所以BSCs对于碳固定的作用也是不容小觑的（李炳垠等，2018）。当然这些土壤养分还与土壤中酶活性的变化密切相关，而BSCs的存在同样可以增加土壤酶活性（姚宏佳等，2022）。近年来，对于BSCs的研究主要集中在对干旱、半干旱地区内土壤生态功能的恢复（周晓兵等，2021）与单一类型BSCs对土壤生态功能的影响。但近年来由于人类的过度放牧行为与气候变暖的作用下使得草地生态系统退化（王鑫厅等，2015）、荒漠化的大趋势下，不同类型BSCs在草地与荒漠两种不同生态系统内对于土壤养分的影响是否存在差异的研究应当更被关注，并且由于两种生态系统中气候因子与植物群落组成的不同，BSCs所发挥的生态功能也不尽相同，但具体表现还不是非常清楚。因此，有必要对全球有关各个类型BSCs对草地与荒漠两种生态系统土壤养分影响的研究数据进行整合，以便对上述问题进行探讨。

一、研究地点

研究地点位于青海湖体验牧场。

二、研究方法

本研究使用Web of science数据库和中国知网数据库（CNKI）作为本研究检索的数据来源，在Web of science（WOS）数据库中以 "biological soil crust" "biocrust" "BSCs" "cryptobiotic soil crust" "algae crust" "lichen crust" "moss crust" "grassland" "pasture" "meadow" "rangeland" "steppe" "dry land" "arid" "semi-arid" "desert"为关键词进行检索；在中国知网数据库中以 "生物土壤结皮" "生物结皮" "藻结皮" "地衣结皮" "苔藓结皮" "草地" "草原" "草甸" "干旱区" "半干旱区" "荒漠"为关键词进行检索（表8.1）。为了筛选出所需研究数据，本研究对检索到的文献设置了以下要求。一是研究需含有BSCs处理与无BSCs覆盖或裸地对照，并且至少含有3个重复。二是研究不应有除BSCs覆盖处理以外的其他处理（如外源物添加、降水梯度的改变、光照强度的改变等），只考虑BSCs对土壤的影响。三是具有明确的BSCs类型以及试验地点，并且试验数据中至少含有一种以上的土壤养分数据。四是图或表中的对应数据需含有平均值、标准差或标准误。经筛选后，共纳入来自不同区域的30篇中英文文献，258个独立试验。

表8.1　检索范畴与内容

检索范畴	CNKI	WOS
草地生态系统	主题=（"草原"或"放牧草地"或"牧场"或"草甸"或"典型草原"）和	TS=（"grassland" OR "pasture" OR "rangeland" OR "meadow" OR "steppe"）AND
荒漠生态系统	主题=（"沙漠"或"沙地"或"干旱"或"半干旱"）和	TS=（"desert" OR "sandy" OR "dryland" OR "arid" OR "semi-arid"）AND
结皮类型	主题=（"生物土壤结皮"或"生物结皮"或"BSCs"或"土壤结皮"或"隐花植物土壤结皮"或"藻结皮"或"地衣结皮"或"苔藓结皮"）	TS=（"biological soil crust" OR "biocrust" OR "BSCs" OR "cryptobiotic soil crust" OR "cryptogamic soil crust" OR "algae crust" OR "lichen crust" OR "moss crust"）

在筛选出的文献当中收集到以下具体指标的数据：土壤的全碳（TC）、TN、TP、速效碳（AC）、AN、AP以及与之相关的磷酸酶、脲酶、蔗糖酶和纤维素酶的土壤酶活性，以及SWC、土壤pH值在内的土壤因子。同时，记录试验地经纬度坐标、年均温以及年降

水量，并通过全球气候数据库（http://www.worldclim.org/）对缺失以上气象数据的研究进行补充。根据文献描述将研究中所有BSCs类型划分为藻结皮、地衣结皮、苔藓结皮以及由两种或两种以上结皮类型组成的混合结皮，将试验地生态系统划分为草地生态系统和荒漠生态系统。

表8.2　各指标的异质性及发表偏移检验

指标	模型	异质性检验 Heterogeneity		发表偏移检验 Publication bias检验		数量
		Q	P	Z_B	P值	
SOC	随机效应模型REM	5 666.545	0.000	4.548	0.079	146
TN	随机效应模型REM	1 596.790	0.000	1.321	0.186	105
TP	随机效应模型REM	662.972	0.000	1.163	0.245	44
NH_4^+-N	随机效应模型REM	1 818.079	0.000	0.065	0.948	50
NO_3^--N	随机效应模型REM	11 431.108	0.000	3.561	0.060	50
AP	随机效应模型REM	184.942	0.000	1.106	0.269	27
SWC	随机效应模型REM	2 976.240	0.000	0.815	0.415	110
磷酸酶	随机效应模型REM	366.776	0.000	2.436	0.015	33
脲酶	随机效应模型REM	1 252.149	0.000	1.604	0.109	24
蔗糖酶	随机效应模型REM	1 147.654	0.000	1.696	0.090	20
纤维素酶	随机效应模型REM	70.937	0.000	3.155	0.101	24

利用R4.1.1的Metafor包对所有数据进行Meta分析。通过对研究的效应值进行异质性检验与发表偏移检验（表8.2），结果表明整体效应值存在明显的异质性（$P<0.05$），说明所收集到的试验数据的平均值之间存在较大差异，即不同研究结果间的变异是由随机误差引起，故采用随机效应模型进行Meta分析，通过发表偏移检验（Z_B），结果表明所选指标均没有明显发表偏移（$P>0.05$），故具有统计学研究意义；使用Random Forest包对数据进行随机森林分析，以确定对于所收集到的数据中各指标对土壤养分恢复贡献大小的不同。

使用R4.1.1与SigmaPlot 14.0软件作图。

三、BSCs在草地和荒漠生态系统中对土壤养分及酶活性的影响

由图8.1可知，在草地生态系统当中，BSCs除了对TP没有显著影响外，对其余土壤养分均有显著影响。其中显著增加了SOC含量（19.7%）、TN含量（25.9%）、NH_4^+-N含量（74.8%）以及SWC含量（46.5%），显著降低了NO_3^--N（29.9%）含量和AP含量（17.7%）；对于土壤酶活性而言，BSCs显著增加了磷酸酶活性（52.6%）、脲酶活性（37.0%）、纤维素酶活性（8.5%）和蔗糖酶活性（20.0%）。

在荒漠生态系统当中，BSCs显著增加了SOC含量（74.3%）、TN含量（77.9%）、TP含量（21.3%）、AP含量（29.7%）、NH_4^+-N含量（45.3%）以及含水量（73.8%），却显著降低了NO_3^--N含量（53.7%）；对于土壤酶活性而言，BSCs显著增加了磷酸酶活性（81.6%）、脲酶活性（141.2%）、纤维素酶活性（96.6%）和蔗糖酶活性（294.6%）。

总体而言，BSCs对AP含量没有显著影响，而显著增加了SOC含量（54.8%）、TN含量（59.3%）、TP含量（12.5%）、NH_4^+-N含量（70.5%）和SWC（66.0%），显著降低了NO_3^--N含量（38.9%）；并且显著增加了磷酸酶活性（61.4%）、脲酶活性（122.2%）、纤维素酶活性（12.6%）以及蔗糖酶活性（237.3%）。

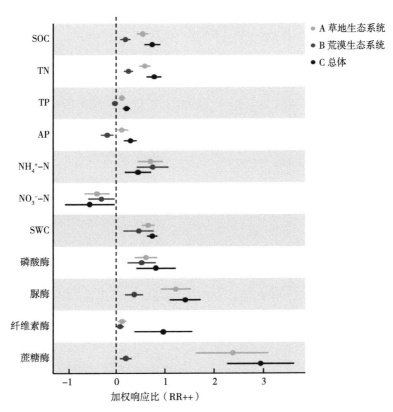

图8.1 BSCs对不同生态系统土壤养分及酶活性的影响

四、不同类型BSCs对土壤养分及酶活性的影响

由图8.2所示，在草地和荒漠2种生态系统中不同类型BSCs对土壤养分及酶活性都存在不同程度的影响。在草地生态系统（图8.2A）中苔藓结皮的存在显著增加了SOC含量（32.2%）、TN含量（36.3%）、NH_4^+-N含量（109.6%）、SWC（69.8%）、磷酸酶活性（189.9%）和脲酶活性（52.0%），显著降低了AP含量（13.4%），而对TP、NO_3^--N含量和蔗糖酶活性的影响并不显著；地衣结皮显著增加了SOC含量（17.0%）、TN含量（30.1%）、SWC（144.1%）、磷酸酶活性（31.0%）和纤维素酶活性（21.9%），并显著降低了TP含量（15.1%）；藻结皮的存在除了显著提高了TN含量（18.9%）和降低了AP含量（45.0%）以外，对其余养分和酶活性没有显著影响；混合结皮可以显著增加SOC含量（59.2%）和SWC（42.%），以及磷酸酶（176.5%）、脲酶（21.4%）和蔗糖酶（23.6%）活性，对其余养分及酶活性没有显著影响。

在荒漠生态系统中，苔藓结皮的存在除了对NO_3^--N含量没有显著影响，对SOC（63.3%）、TN（136.1%）、TP（29.9%）、NH_4^+-N（31.7%）和AP（71.3%）的含量，SWC（75.2%），以及磷酸酶（125.2%）、脲酶（116.0%）和蔗糖酶（213.6%）的活性均有显著增加影响；地衣结皮显著增加了SOC（84.7%）、TN（82.5%）、TP（22.6%）和AP（22.6%）含量，SWC（74.7%），以及磷酸酶（138.6%）、脲酶（284.7%）、蔗糖酶（378.9%）和纤维素酶（101.7%）的活性；藻结皮的存在显著增加了SOC（58.4%）、TN（60.3%）、NH_4^+-N（110.5%）和AP（17.3%）含量，SWC（71.1%），以及磷酸酶（15.8%）、脲酶（102.4%）和蔗糖酶（329.2%）活性，并且显著降低了NO_3^--N含量（98.6%），而对TP含量和纤维素酶活性没有显著影响；混合结皮可以显著增加SOC（152.0%）、TN（123.6%）、TP（22.1%）含量，以及脲酶（189.5%）和蔗糖酶（179.0%）活性，显著降低了NO_3^--N含量（112.3%），而对NH_4^+-N含量没有显著影响。

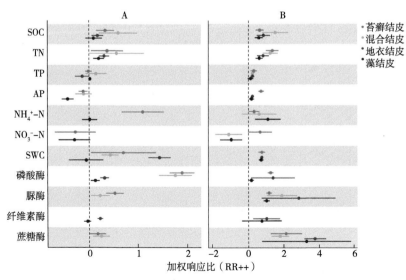

图8.2 不同类型BSCs对土壤养分及酶活性的影响

注：A.草地生态系统；B.荒漠生态系统

五、BSCs 对土壤养分恢复的影响

通过计算土壤养分恢复指数（NRI）可以看出（图8.3），BSCs对土壤养分恢复有十分积极的作用。在荒漠生态系统中（326.5%）对NRI的影响显著高于在草地生态系统当中（80.7%）；并且不同种类BSCs对土壤养分恢复作用的大小排序为地衣结皮（361.1%）>混合结皮（264.6%）>苔藓结皮（164.9%）>藻结皮（163.4%），其中地衣结皮对土壤养分恢复的作用显著高于其他3种类型。NRI计算公式如下。

$$\text{NRI}(\%) = \frac{1}{n}\sum_{i=1}^{n}[(x_i' - x_i)/x_i] \times 100$$

式中，NRI为土壤养分恢复指数；x_i为对照组的第i个土壤养分值；x_i'为处理组的第i个土壤养分值；n为选择的土壤养分指标数。土壤养分恢复指数为正值说明土壤得到了恢复，负值说明土壤经历了退化。

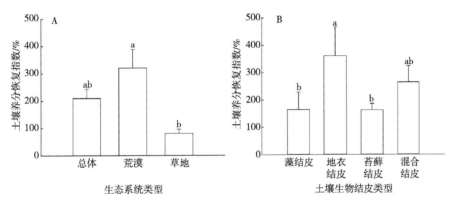

图8.3　BSCs对土壤养分恢复的影响

通过随机森林模型分析计算出不同指标对NRI的重要值（图8.4），结果发现在收集到的所有研究中的磷酸酶和脲酶对土壤养分恢复的影响极显著，其次蔗糖酶对土壤养分恢复也有显著影响；SOC、NH_4^+-N和AP对土壤养分恢复也有一定的影响，但不显著。从这一结论可以解释图8.3所展现出的现象提供一个方向，并加以讨论。

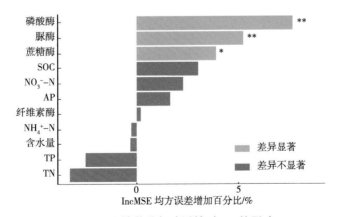

图8.4　土壤养分与酶活性对NRI的影响

由图8.5可知，脲酶和蔗糖酶的活性随年均降水量（MAP）的增加而降低，其中脲酶与MAP呈极显著负相关（R=-0.79，P<0.01），磷酸酶活性与MAP呈极显著正相关（*R*=0.65，*P*<0.01）；脲酶和蔗糖酶的活性随MAT的增加而增加，其中蔗糖酶活性与年均温（MAT）极显著正相关（*R*=0.76，*P*<0.01），磷酸酶活性与MAT呈显著负相关（*R*=-0.75，*P*=0.013）。

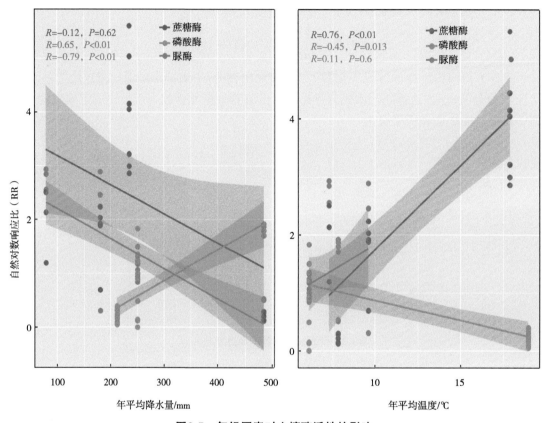

图8.5　气候因素对土壤酶活性的影响

六、小结

通过有关生物土壤结皮对草地和荒漠生态系统中土壤养分及酶活性影响的30个已发表研究、258项独立试验的分析发现，BSCs可以显著提高土壤养分及酶活性，并且在荒漠生态系统中对土壤养分恢复的作用显著强于在草地生态系统当中；对于不同类型BSCs对土壤养分恢复的作用大小的顺序为地衣结皮>混合结皮>苔藓结皮>藻类结皮；并且发现磷酸酶、蔗糖酶和脲酶的活性对NRI有显著贡献。同时随着降水量的增加会显著降低脲酶的活性，年均温的增加会显著增加蔗糖酶的活性。今后，在利用BSCs对土地恢复以及荒漠化的治理过程中，应当考虑将结皮类型与生态系统相匹配，从而为我们在草地荒漠化治理工作过程中提供一种可行的方式。

第二节 不同接种方式下不同类型生物土壤结皮与CMC/Si复合保水剂对固沙作用的研究

通过Meta分析发现，BSCs可以显著提高土壤养分及酶活性，并且在荒漠生态系统中对土壤养分恢复的作用显著强于在草地生态系统当中；对于不同类型BSCs对土壤养分恢复的作用大小的顺序为地衣结皮>混合结皮>苔藓结皮>藻类结皮。由此可以看出BSCs在草地荒漠化防治工作中有巨大的潜力，但目前野外接种BSCs还存在诸多困难使得BSCs无法良好的发育迫使其无法发挥真正效用。因此本研究将试验区域内的不同类型BSCs采集后经过培养，采用不同接种方式（茎叶粉碎、培养喷施、混合接种）与羧甲基纤维素钠/硅藻土（CMC/Si）复合保水剂在实验室内模拟接种然后记录其生长状态（盖度、结皮厚度、失水率），选择出最合适的接种方式与组合方式。

一、研究地点

研究地点位于青海湖体验牧场。

二、研究方法

1. 复合保水剂的制备与保水能力的测定

利用羧甲基纤维素钠（CMC-Na）与硅藻土（Si）配置不同混合质量浓度（10%、15%、20%）的CMC/Si复合保水剂。将配置好的CMC/Si复合保水剂用喷壶喷施在装满沙子的透明杯内沙面上（每杯中喷8~10下），再加入100 mL水后称重记录为m_1，将称重后的样品放入培养箱内模拟室外环境条件［高温（25±5）℃，低温（5±5）℃，光暗比12 h：12 h］培养24 h取出称重记为m_2，计算其失水率（$W_{失水}$）。

$$W_{失水}（\%）= \frac{m_1 - m_2}{m_1} \times 100$$

常用失水率表示保水能力，失水率越小说明其保水能力越强。

2. 生物土壤结皮的培养

将在野外试验地采集到的不同类型生物土壤结皮（藻结皮、地衣结皮、苔藓结皮）样品带回实验室，其中一部分结皮样在干燥阴凉处晾干保存，剩余部分结皮样粉碎后在液体培养基中培养，其中藻结皮用BG11培养基培养，地衣结皮用MS培养基培养，培养条件为光照2 500 lx，温度25℃，湿度65%，光暗比12 h：12 h，培养周期14 d。

3. 生物土壤结皮模拟接种

在沙面上（装满沙子，容器直径10 cm、高10 cm）均匀地喷施CMC/Si复合保水剂，将生物结皮以三种接种方式（培养喷播接种法、粉碎茎叶接种法、混合结皮接种法）接种在沙面上，在培养箱内下进行模拟试验（高温25℃，低温5℃，温度波动为5℃，光暗比12 h∶12 h，每周浇水50 mL，培养4周），记录BSCs的盖度、结皮厚度以及失水率。

4. 生物土壤结皮野外接种对固沙作用的研究

2022年8月在试验区域进行野外接种试验，利用草方格工程固沙与生物土壤结皮接种的生物固沙结合方式进行试验，在草方格固定过的沙面（坡度<5°）上进行接种，分为喷施CMC/Si与不喷施CMC/Si和3个不同土层（0~10 cm、10~20 cm、20~30 cm）两个试验因素，试验周期1个月。记录不同组合方式下不同类型生物土壤结皮生长状况（结皮盖度、结皮厚度、结皮抗压强度、沙壤容重、沙壤含水量）。通过室内模拟接种试验，藻结皮选择培养喷播接种方式进行野外接种试验，地衣和苔藓结皮选择混合结皮接种方式进行野外接种试验。

三、BSCs与CMC/Si复合保水剂对土壤含水量与容重的影响

试验地沙质壤土容重1.60 g/cm³左右，体积含水量随土层深度增加而显著增加，但不超过6%，总孔隙度在32%左右（表8.3），土壤颗粒主要以沙粒为主，黏粒与粉粒含量不到10%且在0~10 cm、10~20 cm、20~30 cm 3个土层间没有显著差异（表8.4）。

表8.3 试验沙地基础性质

层次/cm	容重/（g/cm³）	体积含水量/%	总孔隙度%
0~10	1.59 ± 0.02	4.06 ± 0.38[b]	32
10~20	1.60 ± 0.03	4.31 ± 0.08[ab]	32
20~30	1.59 ± 0.01	5.28 ± 0.31[a]	33

注：同一指标同列数据上标小写字母表示差异显著（$P<0.05$）。

表8.4 试验沙地土壤颗粒体积分数

层次/cm	黏粒、粉粒/%	极细砂/%	细砂/%	中砂/%	粗砂/%
0~10	6.51 ± 0.97	6.47 ± 0.55	62.91 ± 6.42	24.55 ± 4.72	0.53 ± 0.09
10~20	8.18 ± 2.63	5.66 ± 1.21	63.31 ± 11.62	21.08 ± 3.30	1.77 ± 0.63
20~30	6.97 ± 1.05	6.31 ± 0.67	60.90 ± 7.96	26.22 ± 2.95	0.40 ± 0.07

CMC/Si可以显著增加藻结皮厚度与盖度，显著降低失水率。并且培养喷施接种可以显著增加藻结皮盖度；CMC/Si可以显著增加地衣结皮厚度，显著降低失水率，对盖度没有显著影响；CMC/Si可以显著增加苔藓结皮厚度，显著降低失水率，对盖度没有显著影响（表8.5）。

表8.5　模拟接种试验BSCs生长状况指标

类型	接种方式	结皮厚度/cm	覆盖度/%	失水率/%
藻结皮	培养喷施	0.11 ± 0.03^b	20.6 ± 5.1^{bc}	23.42 ± 5.67^a
	混合接种	0.14 ± 0.03^b	17.5 ± 3.7^c	20.17 ± 2.29^a
藻+CMC/Si	培养喷施	0.25 ± 0.04^a	37.6 ± 4.8^a	15.77 ± 1.51^{ab}
	混合接种	0.29 ± 0.09^a	27.6 ± 3.4^b	17.34 ± 3.59^{ab}
地衣结皮	混合接种	0.09 ± 0.02^b	13.9 ± 2.6	22.87 ± 1.30^b
地衣+CMC/Si	混合接种	0.27 ± 0.11^a	17.4 ± 2.2	15.35 ± 2.09^a
苔藓结皮	茎叶粉碎	0.97 ± 0.17^b	65.4 ± 9.1	16.42 ± 1.53^b
	混合接种	1.21 ± 0.30^{ab}	67.8 ± 5.8	18.28 ± 2.35^b
苔藓+CMC/Si	茎叶粉碎	1.59 ± 0.33^a	77.1 ± 5.3	12.07 ± 1.16^a
	混合接种	1.66 ± 0.57^a	83.2 ± 9.4	12.51 ± 2.27^a

注：同一指标数据上标小写字母表示差异显著（$P<0.05$）。

由图8.6可以看出，喷施CMC/Si可以显著提高0～10 cm层沙壤含水量，且在接种苔藓结皮下沙壤含水量显著高于其余类型BSCs下沙壤含水量；同时CMC/Si与苔藓结皮组合接种方式可以显著降低0～10 cm层沙壤容重。

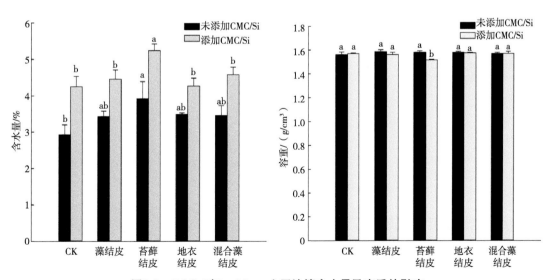

图8.6　BSCs对0～10 cm土层沙壤含水量及容重的影响

　　由图8.7可以看出，在添加CMC/Si水平下，各处理间含水量无显著差异；在未添加CMC/Si水平下，苔藓结皮与地衣结皮下含水量显著高于对照；在添加CMC/Si水平下，各处理间容重没有显著差异；在未添加CMC/Si水平下，苔藓结皮下容重显著低于其他处理。

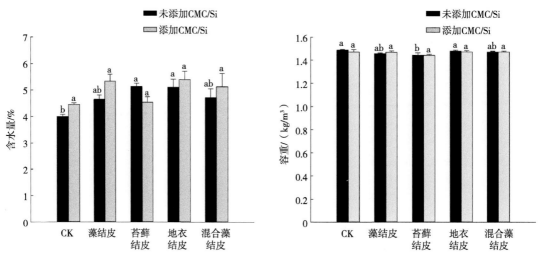

图8.7　BSCs对10～20 cm土层沙壤含水量及容重的影响

　　由图8.8可以看出，在添加CMC/Si水平下，各处理间含水量没有显著差异；在未添加CMC/Si水平下，地衣结皮与混合藻结皮下含水量显著高于其他处理；且无论CMC/Si添加与否，同一水平下各处理间容重没有显著差异。

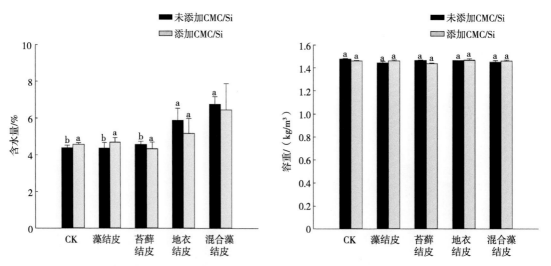

图8.8　BSCs对20～30 cm土层沙壤含水量及容重的影响

　　由图8.9可以看出沙壤容重与沙壤含水量呈显著负相关（$R=-0.51$，$P<0.01$）。

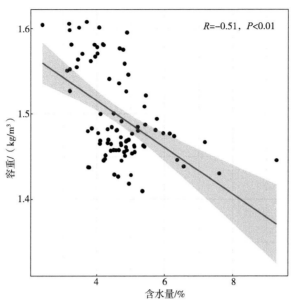

图8.9　沙壤含水量与沙壤容重的线性拟合

由图8.10可以看出，添加CMC/Si会增加结皮厚度；无论添加与否，苔藓结皮下结皮厚度均显著高于同一水平下其他处理。添加CMC/Si会增加结皮抗压强度；其中苔藓结皮与CMC/Si处理下抗压强度最大，且显著高于其余所有处理。

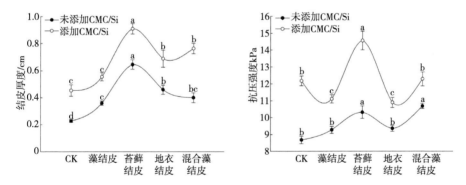

图8.10　BSCs对结皮厚度与抗压强度的影响

四、小结

根据野外接种试验可以发现，CMC/Si可以提高表层沙壤的含水量，为BSCs的接种生长提供一个良好的条件，且苔藓结皮与CMC/Si共同使用的方式是几种处理方式中最为理想的一种。

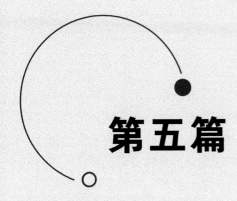

第五篇

牧场数字化管理

第九章　现代牧场草畜生产过程信息采集系统

为了实现现代牧场综合生产信息获取技术、地面信息定点获取技术、家畜疾病预防及应急处置应答系统的研发，采用青藏高原现代牧场物联网，通过青藏高原现代牧场物联网的搭建，建立了家畜养殖和天然草地数字采集系统，开展了畜牧业自动采集系统的研发，实现了从草地到养殖的现代牧场实时数据采集，打通了牧场草地畜牧业多元数据汇聚的链路；实现了牧场分散信息、不同种类畜牧业生产数据的一站式管理，构建了统一的数据服务接口；缓解了天然草地信息采集的困难，为现代牧场生态畜牧业的构建、草地监测和管理，家畜生产过程管理以及畜产品销售提供了技术支撑。

第一节　牧场信息传输技术研发

根据前期调研，牧场现阶段主要存在以下问题：牧场草地退化严重，草地资源监管技术手段落后，草地资源保护缺乏区域监管技术手段；综合技术信息渠道获取不畅，草地资源的开发利用研究少，草原基础建设薄弱，草地保护和利用研究水平低；不断增加的草原建设项目一定程度改善了草原畜牧业生产条件，提高了草原畜牧业整体防灾保畜能力。但由于投资不足，加之新技术推广、服务体系欠缺等多方面的原因，牧场草原现代化建设速度和规模远远满足不了生产发展的需要；大部分牧业生产抗灾能力弱，依然没有摆脱靠天养畜的状况。牧区网络建设主要为人居住地匹配，而没有为草地、畜牧业生产建设网络环境，畜牧业信息的采集均为事后人工调查，缺乏实时牧草、家畜、生产管理信息传输。

一、研究地点

研究地点位于祁连山生态牧场等。

二、研究方法

通过青藏高原现代牧场物联网的搭建，建立了家畜养殖、天然草地数字采集系统，开展了畜牧业自动采集系统的研发，形成了从草地到养殖的现代牧场实时数据采集，打通了牧场草地畜牧业多源数据汇聚的链路，实现了牧场分散信息、不同种类畜牧业生产管理数据的一站式管理，构建了统一的数据服务接口。

三、现代牧场物联网体系结构构建

物联网是建设青藏高原现代牧场信息化的基础，然而目前高原草地畜牧业物联网体系结构没有统一的标准。根据草畜平衡研究、草地生态保护、家畜放牧管理、环境评估、网络宣传与销售的需求，以及对物联网普遍认知，本研究将青藏高原现代牧场物联网体系结构分为三层体系结构，即感知层、网络层、应用层，如图9.1所示。

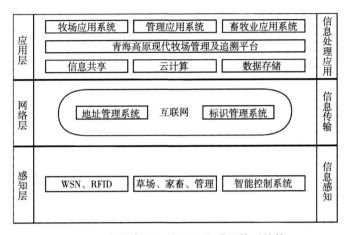

图9.1　青藏高原现代牧场物联网体系结构

1. 现代牧场物联网感知层

感知层主要用于采集草地畜牧业中草地、气象、人员、生产过程发生的事件和信息，包括各类草地类型的物理量、家畜标识、植物生长环境、从业人员、视频等。感知层在草地畜牧业物联网中如同人的感觉器官对人体系统的作用，通过卫星遥感技术、WSN（无线传感器网络）、北斗卫星定位技术、RFID（射频识别技术）技术等，采集的草地、家畜、环境、人员的识别信息和感知物理量信息，是草地畜牧业物联网应用和发展的基础。WSN、RFID、遥感作为生态畜牧业有效的数据采集技术，将为现代牧场信息系统建设起到关键作用。

2. 现代牧场物联网网络层

网络层是在因特网（Internet）和现有通信网的基础上实现的，建立牧场草地畜牧业网络层的关键技术包括现有通信技术和终端技术，以及为各类草地畜牧业信息传输提供通信能力的通信模块等。网络层不仅能使数据平台及牧业用户随时随地获取数据和服务，更重要的是通过传感器网络与移动通信网络、互联网技术的结合，为牧场、管理人员、畜牧业生产者选择接入网络的模式。

3. 现代牧场物联网应用层

应用层是在现代牧场管理及追溯平台的基础上，利用畜牧业感知层的信息进行处理、分析和判断，服务于牧场、管理人员和畜牧业生产者的业务需求，本研究通过对各种物联网监测设备协议的解析，实现监测设备包括视频监控、气象参数、土壤水分、牧草长势、畜棚环境等各类监测数据的准实时获取，通过分析形成植被类型、草场利用、牧场管理等应用。

四、现代牧场物联网关键技术研究

青藏高原现代牧场物联网的关键技术主要体现在两个方面，即通过无线与有线的协同，结合移动通信技术、物联网技术，形成草地畜牧业网络与通信技术。通过传感器研发与组装，形成涉及草地、家畜、专业人员、生产人员数据采集的多项系统集成。

1.高原牧场网络与通信技术

网络是高原草地畜牧业物联网信息传递和服务的基础。就青海高寒牧区来看，地广人稀，移动局域网主要以人数来进行布网设置，目前还没有为草地和畜牧业来进行布网，现有网络在冷季草场移动网络覆盖的居住点尚可，但对广域草场特别是暖季草场来说，实现草场感知、畜牧业过程感知就必须建立草地畜牧业网络系统；建设高寒草场网络系统，传输技术方式是关键，传统的短距离Zigbee、蓝牙传输方式和远距离的LoRa、NB-IoT、Sigfox、Weightless等方案由于组网方式的限制均不适合。因此，根据高寒牧区的特点，结合当地网络覆盖情况，采用适合的先进技术，实现感知系统高可靠性，高安全性的数据传送，是研究的重点。本研究采用的是无线网络技术、移动通信技术和卫星通信技术。

2.无线传感器网络技术

无线传感器网络（WSN）是集控制技术、计算机技术以及通信技术于一体，从牧业数字化过程管理网络延伸到天然草场现场监控设备的技术系统，以无线电波作为载体，连接不同采集节点而构成的网络，主要由传输接收设备与无线通信协议组成。用于天然草场、放牧现场监测和平台之间的一种全分散、全数字化、智能、互联、多点、多站的通信系统。系统结构主要表现为基础性、灵活性、经济性等特点，能实现天然草地多元数据的传输。技术传输系统方案如图9.2所示。

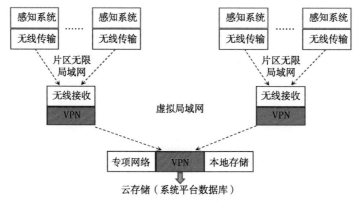

图9.2 无线传感器网络传输技术方案

3.移动通信技术

移动通信技术包括2G、3G、4G、5G，是从引入数字无线电数字蜂窝移动通信技术到支持高速数据传输的蜂窝移动通信技术的五个代次通信技术的叠进。移动通信技术不仅改变了人与人的通信环境，还为数据传输提供了广域数据通道。本研究中移动端微信小程序、App、部分草地数据实时采集都依靠移动通信技术来实现，如图9.3所示。

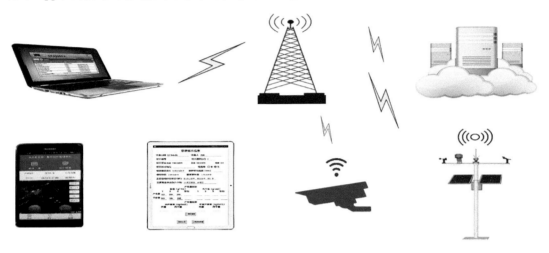

图9.3　移动通信网络示意

4.北斗/GPS技术

北斗/GPS技术是将卫星定位和导航技术与现代通信技术相结合，具有全时空、全天候、高精度、连续实时提供导航、定位和授时的特点。在生态畜牧业信息化建设中广泛用于草场区域、游牧家畜定位上，从时间和空间上为草地畜牧业精细化管理提供了数据支撑；在本研究中主要用于草场区域的划分、不同草地类型区域的确定、家畜游牧路线的历史回顾及行走路线的精确定位、无移动网络覆盖地区的草场生境数据的传输等，网络传输示意如图9.4所示。

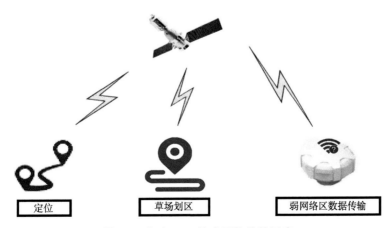

图9.4　北斗/GPS技术网络传输示意

五、小结

根据草畜平衡研究、草地生态保护、家畜放牧管理、环境评估以及网络宣传与销售的需求，以及对物联网普遍认知，本研究将高原现代牧场草地畜牧业物联网体系结构分为三层体系结构，即感知层、网络层、应用层。高原现代牧场物联网关键技术主要体现在两个方面：通过无线与有线的协同，结合移动通信技术、物联网技术形成草地畜牧业网络与通信技术；通过传感器研发与组装形成涉及草原、家畜、专业人员、生产人员数据采集多项系统集成。

第二节　牧场草地畜牧业自动化数字采集系统构建

如何感知牧场是建设高原现代化、信息化牧场的基础，对草地生产状态、畜牧业生产情况、气象因素的变化、生产管理数据进行连续实时的数据获取，是现代化牧场构建数字采集系统和可持续发展的技术依靠。

一、研究地点

研究地点位于祁连山生态牧场等。

二、研究方法

以放牧草场、家畜、气候环境、生产者为对象，采购或研制智能信息采集终端，满足草场数据、养殖环境数据、牲畜定位、视频监控管理、饲喂补饲等业务要素的采集，结合各县草原监测单位，利用北斗卫星定位和移动互联网技术，针对牧场管理人员、草原站工作人员，开发草原管护系统、草原样地样方调查系统，将牧业生产数据实时采集并上传到大数据平台，提高数据采集的准确性和效率。实现牧场区域草地牧草生长情况趋势及变化的实时反映，扩大信息采集范围，提升信息获取精准度，创新生产管理信息数据获取方式。从而有效提升高原现代牧场管理要素和环境要素数据采集能力。

三、天然草地数据自动采集站

草地数据自动采集站工作原理如图9.5所示。图9.5解释了天然草地数据自动采集站的工作原理，即通过多种传感器和可视化设备，实时采集关键数据，包括土壤温度和湿度、植被高度、植被覆盖度、日照、环境温度和湿度等。这些数据通过网络连接，传送至后台的管理系统和管理平台，进行存储和分析。本系统的关键优势在于自动化数据采集，确保了数据的连续性和准确性，从而为系统管理者提供有力的工具，用于监测和优化天然草地的状况，以实现可持续的资源管理和生态保护目标。

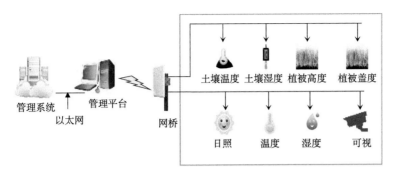

图9.5　草地数据自动采集拓扑图

植物群落高度测量，采用激光光束技术，如图9.6所示。群落盖度，通过可视图像的像素点计算获得；鲜草总产量测定，根据群落高度和盖度，进行前置计算获得。

图9.6　夏、冬季牧草草群高度测量

四、家畜定位及游牧路线分析系统构建

在具有季节性轮牧草场的牧场，设计了家畜定位与标识设备，利用北斗定位终端获取家畜位置，并利用其设备号标识家畜群，测量数据通过移动网络发送至服务器。家畜监控终端由卫星接收天线、通信天线、主板、太阳能板以及电池等部件组成，如图9.7所示。

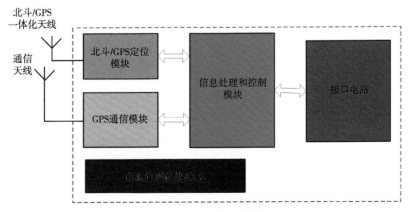

图9.7　家畜卫星定位终端组成

　　北斗/GPS天线能接收北斗系统B1频点、GPS L1频点的信号，送入北斗/GPS定位模块（图9.8），在定位模块中完成射频信号的数字化、信号捕获跟踪以及定位解算工作，将定位信息以及状态信息送入信息处理与控制模块，同时两个通信模块完成与通信系统的对接。

图9.8　家畜太阳能北斗定位器

　　信息处理与控制模块完成对通信模块和定位模块的控制工作，以及利用通信系统与服务器按照一定的协议交互，完成位置上报等功能。家畜卫星定位终端可满足定时上报自身位置，上报间隔可设置，每天定位次数和上报次数可设置。

　　牛羊太阳能北斗定位器的成品设备如图9.9所示。

图9.9　家畜北斗定位器佩戴与历史轨迹示意

五、畜棚环境自动采集技术

畜棚的环境指标对牧场精细化管理十分重要，随着畜棚内家畜密度的不同，棚内温湿度变化很大，随着温湿度升高，家畜疫病和寄生虫感染的风险加大。例如，产羔期畜棚环境自动采集对气温骤降等极端天气可通过App给养殖户进行预警，提早采取保育措施，减少幼畜死亡，提高幼畜成活率，如图9.10所示。

畜棚环境自动采集装置主要由温湿度传感器、太阳能供电、4G网络组成，通过4G接口连接平台，用户App在养殖户手机可进行显示和预警，如图9.11所示。设备的主要参数指标如表9.1所示。

图9.10　畜棚环境自动采集示意

图9.11　畜棚环境自动采集装置

表9.1　畜棚环境自动采集装置参数

编号	系统名称	传感器名称	参数	指标范围	备注
1		温度	±0.5℃	−20~60℃	
2	畜棚环境自动采集系统	湿度	<8%RH	0~100%	
3		网络制式	2G/4G		

六、移动端草地信息获取技术

根据牧场草地管理现状，结合各牧场草场管理技术部门提供的数据，利用北斗卫星定位和移动互联网技术，针对草原管护人员、当地草原站工作人员等开发草原管护系统、草原样地样方调查系统，将畜牧业生产数据实时采集并上传到数据平台，提高数据采集的准确性和效率。扩大牧场信息采集范围，提升信息获取精准度，创新生产管理信息数据获取方式。

1. 巡护管理微信小程序

面向草地畜牧业为主的牧场，如祁连山生态牧场和三江源有机牧场，为草原管护员开发了牧区巡护管理微信小程序（图9.12），定期对其所管理牧户的生产情况进行上报，经汇总可得到指定牧场生产单位的畜牧生产力数据。

图9.12　巡护管理微信小程序

牧场用户登录该程序，可对所辖牧户（生产队、班组等）的基本信息以及家畜的增减、各类草场面积的核算做统计，并上报可能发生的灾难事件，比如火灾、乱采乱挖、乱捕滥猎、牧草退化、鼠害、虫灾等。同时，上传牧户各个草场的情况、图片和文字，并时刻记录该技术员、牧工的实时位置。牧场有关人员也可统计牧户是否需要出售、购买家畜、药品、饲草量等情况。

2. 草原样地调查App系统

研发草原样地调查App，主要为放牧牧场草地管护专业技术人员和当地草原管理单位技术人员开发使用。可以实现草场样地样方调查数据在线采集，其内容包括监测点的产草量、优势牧草、毒杂草以及虫害情况等。

草原样地调查App主要调查生态监测固定点相关数据，每年对固定监测点数据采样1~2次。同一监测点位置基本固定，每个监测点具有一定的草地类型代表性，所有监测点则代表了牧场所有草场的类型和生态状况。软件运行环境为安卓系统平板电脑，可在无网络信号情况下启动、登录，并进行相关操作。无网络情况下有坐标定位功能，在使用过程中，数据自动保存到平板电脑固定文件夹中。由于草原调查的特殊性，很多区域均无网络覆盖，在无网络环境下App应可以保存离线数据，在有网络情况下自动上传到系统后台，如图9.13所示。

图9.13　样地调查App主要信息录入界面

七、小结

本研究以牧场放牧草地、家畜、气候环境、生产者为对象，采购或研制智能信息采集终端，满足草场数据、养殖环境数据、牲畜定位、视频监控管理、饲喂补饲等业务要素的采集，结合各地草原监测单位，利用北斗卫星定位和移动互联网技术，针对牧场管理人员、草原站工作人员、开发草原管护系统、草原样地样方调查系统，将牧业生产数据实时采集并上传到大数据平台，提高数据采集的准确性和效率，实现牧场区域草地牧草生长情况趋势及变化的实时反映，扩大信息采集范围，提升信息获取精准度，创新生产管理信息数据获取方式，从而有效提升青藏高原现代牧场管理要素和环境要素数据采集能力。

第三节　中空遥感和地面多光谱数据获取及处理

一、研究地点

研究地点位于祁连山生态牧场等。

二、研究方法

利用低空无人机遥感平台，搭载高分辨率多光谱相机以及GNSS/IMU单元，实现对祁连山生态牧场草场长势的高精度监测。本研究应用DJI M600 Pro多旋翼无人机以及AMC DD高分辨率多光谱遥感相机，用于草场高精度基础地理信息产品和畜牧业专题地图产品生产。

三、AMC DD 相机概况

AMC DD相机由两台3 600万像素的全画幅CMOS相机沿飞行方向前后排列构成，如图9.14所示，一台获取真彩色（RGB）图像，另一台在镜头前加装720～900 nm波长的近红外（NIR）滤光片，以获取近红外图像。单相机影像像幅7 360像元×4 912像元，CMOS像元物理尺寸4.9 μm，镜头的设计焦距均为50 mm，在100 m的平均相对航高下像元分辨率理论可达1 cm。AMC DD相机总重量不超过3 kg，可搭载在DJI M600等主流无人机平台。

AMC DD相机集成了Applanix公司适用于无人机遥感的嵌入式POS系统APX-15，可支持双相机两路曝光脉冲信号输入，利用POSPac UAV软件进行数据后处理，可分别为两个相机以200 Hz的频率提供高精度的位置、姿态数据输出，实现无人机图像（图9.15）无地面控制的直接地理参考（direct georeferencing，DG）。APX-15嵌入式POS系统采用重量较轻的MEMS惯性测量单元（inertial measurement unit，IMU）与GNSS进行组合，重量仅为60 g。

AMC DD多光谱相机　　　　　　　　　　APX-15嵌入式POS系统

图9.14　AMC DD多光谱相机及其嵌入式POS系统

在Applanix APX-15嵌入式POS（位置和定向服务）系统的精度指标中，SPS和RTK是两种不同的GPS（全球定位系统）定位模式，其标称精度如表9.2所示。SPS是GPS的标准定位服务。在这种模式下，接收器依赖来自GPS卫星的信号，但不接收差分校正信号。因此，SPS提供的定位精度相对较低，通常在数米到十米的范围内，这取决于接收器和环境条件。RTK是一种高精度的GPS定位模式。在RTK模式下，接收器接收来自GPS基站的差分校正信号，这些信号可以大幅提高GPS定位的精度。RTK通常能够提供亚米级或厘米级的精度，适用于需要高精度位置信息的应用，如地理测绘、无人机导航和精确农业。因此，APX-15的精度指标中SPS和RTK表示了不同的GPS定位模式，其中RTK提供更高的精度。

图9.15　祁连山生态牧场无人机采集数据

表9.2　Applanix APX-15嵌入式POS精度指标

指标	SPS	RTK	后处理
位置/m	1.5 ~ 3.0	0.02 ~ 0.05	0.02 ~ 0.05
速度/（m/s）	0.05	0.02	0.015
俯仰、滚动/°	0.04	0.03	0.025
真航向/°	0.30	0.18	0.08

四、草场无人机多光谱遥感数据获取

2019年8月初在祁连山生态牧场开展了无人机多光谱遥感试验，试验包括三个测区。在牧场河谷区域开展了几何与辐射定标处理，定标结果应用于其他两个测区的数据处理。

AMC DD相机的几何定标需要预先设计并制作控制点，在航空摄影之前固定到检校区域，并通过控制测量精度确定地面坐标。地面靶标点的空间坐标采用全站仪或实时差分定位（RTK）事先或事后测量（图9.16）。

图9.16　控制点布设与RTK测量

利用ASD FieldSpec地物光谱仪，对辐射定标靶标以及草场等典型地物开展同步光谱测量，获取精确的地物光谱数据（图9.17）。

图9.17　地物光谱数据同步采集

五、无人机多光谱图像处理

采用Pix4D软件对三个测区的数据进行处理。航摄飞行之后从AMC DD相机导出数据主要包括RGB图像、NIR图像和APX-15数据等。为了解决RGB图像与NIR图像的精确配准问题，需要将两个相机的图像进行联合空三解算，以实现高质量的RGBN四波段数字正射影像图（DOM）以及归一化植被指数（NDVI）图像的生成。其基本流程如图9.18所示。

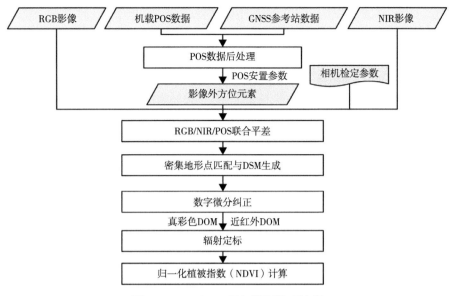

图9.18 AMC DD相机地面处理流程

POS数据后处理。将机载APX-15测量数据与地面GNSS参考站同步观测数据进行高精度GNSS定位、GNSS/IMU组合卡尔曼滤波等处理，并利用各相机相对于IMU的安置参数，将GNSS/IMU导航解转换为外方位元素，为RGB和NIR相机的每个曝光脉冲在指定的成图坐标系下输出高精度的相机位置和姿态数据（图9.19）。

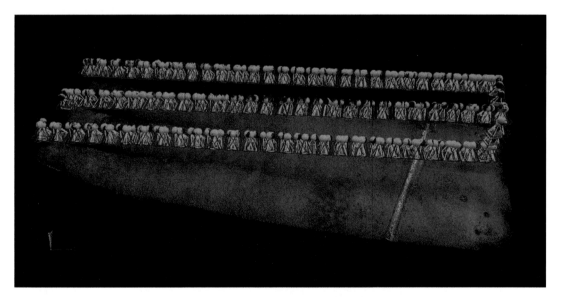

图9.19 空三平差后恢复的成像光束方位

RGB/NIR/POS数据的联合平差。采用具有较高适应性的匹配算法和匹配策略，在POS外方位数据的约束下，在RGB与NIR影像之间提取足够数量的连接点。然后，将POS外方位数据作为附加约束条件，采用自检校光束法区域网平差算法精确解算每个RGB、NIR图像的外方位元素，恢复各图像成像时刻的位置与姿态。

数字表面模型（digital surface model，DSM）的自动生成。采用多视匹配算法，在具有立体重叠的RGB与NIR图像中自动识别同名点，然后通过多光线交会确定该点的三维地面坐标，生成密集的地面三维点云，自动重建密集的DSM。

数字微分纠正。基于数字表面模型以及空三平差确定的各影像精确的内、外方位元素，分别对RGB和NIR影像进行数字微分纠正，然后经过大区域镶嵌处理生成真彩色DOM和近红外DOM。为保证辐射信息不失真，镶嵌过程中不可进行任何的匀色处理。

辐射定标。利用相机厂家提供的RGBN各波段的辐射定标系数，将真彩色DOM或近红外DOM中的灰度值（DN值）转换为地表反射率。目前，无人机载多光谱相机一般都配备有辐射定标靶标，在航空摄影的同时对辐射定标靶标成像，以求解更精确的辐射定标系数。

NDVI计算。利用辐射定标后的RGB和NIR反射率图像，抽取R波段与NIR波段的反射率，采用波段运算逐像元计算NDVI，生成NDVI产品。

通过上述各步骤的处理，AMC DD相机可以提供高分辨率、高精度的DSM、RGBN四波段DOM、RGBN四波段地表反射率以及NDVI指数产品。在此基础上，采用人工解译或深度学习方法，可以进一步提取鼠洞、毒杂草等草原灾害信息。

在鼠害测区的Pix4D空三质量分析报告中，关于相机绝对位置与姿态数据的统计如表9.3所示。从结果可以看出，APX-15生成的外方位数据具有较好的内部精度，达到了标称的精度水平。

Pix4D是一种用于无人机图像处理和三维建模的软件，用于创建地图、模型和测绘数据。其中X/m、Y/m、Z/m代表了不同的内部精度测量单位。ω/°、k/°和φ/°用于描述空三平差（空中三角测量平差）内部精度的参数。X/m代表水平坐标精度，通常以米（m）为单位。它表示在处理图像数据时，Pix4D生成的模型中任何点在水平方向上的坐标精度，即东西方向的位置精度。Y/m也是水平坐标精度，以米（m）为单位。它表示模型中任何点在垂直方向上的坐标精度，即南北方向的位置精度。Z/m代表垂直坐标精度，以米（m）为单位。它表示模型中任何点在垂直方向上的坐标精度，即高程的精度。ω/°表示角度测量的精度，通常以度（°）为单位，表示测量的角度精确度。这个参数用于衡量在图像处理和三维建模中使用的角度数据的准确性。k/°表示角度测量的比例因子的精度，以度（°）为单位，用于指示测量中的比例因子准确度。比例因子是在影像测量和三维重建中用于确定图像尺度的重要参数。φ/°表示像点的位置测量精度，以度（°）为单位，用于表示每个像点在地理坐标中的位置测量误差。

表9.3　祁连山生态牧场鼠害测区Pix4D空三平差内部精度统计

	X/m	Y/m	Z/m	ω/°	φ/°	k/°
平均误差	0.024	0.020	0.011	0.019	0.021	0.009
标准差	0.004	0.003	0.002	0.006	0.007	0.005

六、草地无人机多光谱遥感专题产品

采用上述处理步骤，Pix4D全自动生产系列遥感专题产品，主要包括密集地形点云、全区域DSM、RGB与近红外DOM、四波段的反射率图像以及NDVI图像等。RGB与近红外DOM采用ERADS等遥感软件即可进一步合成为RGBN四波段DOM图像。

截取的典型区域的遥感专题产品如图9.20所示，面积为12 m×12 m，DSM和DOM的地面分辨率均采样至2 cm，反射率与NDVI的分辨率采样至4 cm。从结果来看，RGB和NIR图像配准精度较好，影像具有较好的锐度，近红外DOM产品的色调比较理想。由于植被在近红外波段具有较强的相应，NDVI植被指数产品较好地反映了该区域的植被覆盖特性，但由于此时草地返青不久，草株平均高度不超过10 cm，草株之间存在大量的裸露地表，导致整体的NDVI指数数值偏低。

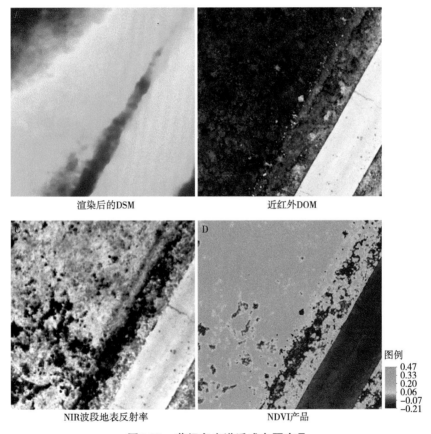

渲染后的DSM　　　　　　　　　近红外DOM

NIR波段地表反射率　　　　　　　NDVI产品

图例
0.47
0.33
0.20
0.06
−0.07
−0.21

图9.20　草场多光谱遥感专题产品

从NDVI图像可以得知，在草场区域地上鼠害形成的大小不一的鼠洞，其反射率与草地明显不同，因而在NDVI图像上很容易区分，可以通过选取一定数量的鼠洞样本，采用深度学习方法自动提取鼠洞分布。

利用NDVI产品，通过设定植被区域的阈值，即可采用遥感或GIS软件对地表进行分类，区分草与其他地物，进而确定植被盖度。对NDVI数据进行阈值分割，将NDVI≥0.1

的设定为草，将NDVI图像分割为二值图像，进而统计出草斑块的总面积为83 m²，该区域总面积12 m × 12 m，因此草覆盖度约为57.6%，为中等盖度，其原因是该区域中的道路占据了较大比重，造成植被盖度偏低，但这种计算方法精确性上显然要优于目视判读方法。

为了准确计算全区域的植被盖度，以客观评价草场的退化情况，在全区域NDVI产品中截取了四块典型区域，面积均为12 m × 12 m，并采用上述图像分割方法自动提取出草地的空间分布，结果如图9.21所示，其中绿色区域为草地。对提取的草地斑块进行面积统计，进而计算出草地的盖度，结果分别为94.2%、96.2%、94.0%和41.9%，显然最后一块区域草地退化严重，裸露地表较多。

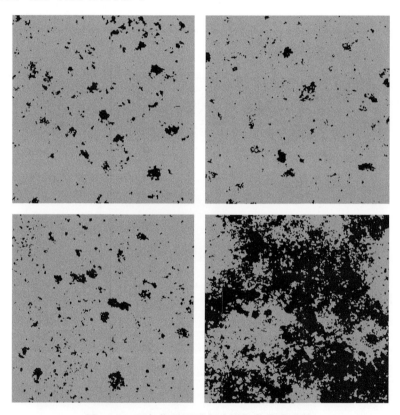

图9.21　四个典型区域自动提取的草类斑块

七、小结

本研究应用DJI M600 Pro多旋翼无人机以及AMC DD高分辨率多光谱遥感相机，可用于草地高精度基础地理信息产品和畜牧业专题地图产品的生产。

<table>
<tr><td>第十章</td><td>牧场地面数据自动采集站及
可视化系统</td></tr>
</table>

　　高原现代化、信息化牧场的构建以数据感知为基础，旨在实现可持续发展。包括对牧场内草地生产、畜牧业情况、气象变化和生产管理数据的连续实时监测和获取。它可以为牧场管理者提供关键的信息，从而使其能够做出明智的决策。牧场感知的对象可以包括牲畜、植被、土壤、天气等。通过感知设备如传感器、卫星和气象站，捕捉相关关键信息，并将其转化为可用的数据。这些数据不仅有助于监测草地的质量和数量，还可以提供畜群健康和行为的关键数据等。通过连续实时数据获取，现代化牧场能够优化资源利用、提高畜牧业生产效率，减少资源浪费，并最终实现可持续的农业经营。因此，牧场感知技术是现代农业的关键组成部分，有助于提高农业的生产效益和环境可持续性。

第一节　牧场数据采集技术研究

一、研究地点

研究地点位于祁连山生态牧场等。

二、研究方法

　　本研究针对牧场管理要素及环境因素的数据采集，涵盖牧场区域、放牧草地、家畜和气候环境。为满足对草场数据、养殖环境数据以及视频监控的需求，通过采购或研制智能信息采集终端，提高数据采集的准确性和效率。本研究的核心目标是实现牧场区域内牧草生长情况的趋势和变化的实时监测，以显著提升信息获取的精准性。通过采用创新的数据获取方式，致力于提高高原现代化牧场管理要素和环境要素数据采集的能力。因此，本研究通过采用智能信息采集终端获取多源数据并进行耦合，为研究提供可靠的数据基础。进而深入了解牧场生态系统和畜牧业生产的变化趋势，为决策制定和可持续发展提供关键支持，从而为高原现代牧场的管理和可持续发展提供坚实的技术基础。

三、牧场地面数据自动采集站

在天然草地牧场，结合当地网络环境，依托物联网传输技术，以草地类型分布为依据，研发适用于天然草地牧草信息的自动监测站，对特定草场及重点区域，按照牧草生长规律，定点、定时采集传输牧草生长环境和生长状态，其装置包括牧草生境传感器5类，即温度、湿度、风速、风向和日照5参数；土壤2类，即温度、湿度；植物生长状态传感器2类即群落高度和盖度；以及牧草环境可视监控和分析（图10.1）。通过在不同草地类型建立天然草地牧草自动监测站，可实时观测和分析牧草生长状态、分析气象因素对牧草生长的影响情况及土壤墒情信息，结合地面生长量的变化，实现对牧草覆盖度、牧草产量、牧场土壤墒情及牧草生长环境参数的定时采集，并通过多元传输系统上传到数据库。同时也可作为卫星遥感的标定点，天然草地地面数据自动监测站主要传感器的参数指标见表10.1。

图10.1 天然草地地面数据自动站示意

表10.1 天然草地地面数据自动监测站传感器参数

编号	监测类型	传感器名称	精度	指标范围
1		温度	±0.1℃	−50~80℃
2		湿度	±5%	0~100%
3	生长环境监测	雨量	±0.5 mm	0~2 000 mm
4		日照	10%	0~200 000 lx
5		风速	±0.3 m/s	0~70 m/s
6		风向	±3°	0°~360°
7	土壤监测	温度	±0.1℃	−50~80℃
8		湿度	±2%	0~100%
9	草地群落监测	群落高度	±2 cm	0~80 cm
10		群落盖度	±1%	0~100%

四、牧场生产可视化系统

高寒草场高差大，面积广、网络信号不稳定，可视化效果差；根据各牧场天然草场自然地理特点和牲畜监测中的通信需求，结合草场监测管理和牲畜监测管理特点，提出了适用于高原现代牧场需求的无线宽带视频、语音、数据服务骨干网络组网方案，在此基础上，研发适用于生态畜牧监测的低功耗广域物联网组网方案。连接方式采用公网IP映射方式，通过运营商Internet网络，将摄像头数据及传感器数据回传到云数据平台（图10.2）。

图10.2　牧场可视化实时传输影像

五、牧场生产关键点信息化技术应用

在青海湖体验牧场，根据草地的分布和牧草类别，共布点4个，主要监测夏季草场、冬季草场、人工草地数据情况，每个点位安装1套"草场多功能一体化数据采集设备"，1对"网桥"，1台"网络摄像机"进行数据采集，主要采集天气温度、湿度、土壤温湿度、牧草生长周期高度、牧草生长影像数据等，见图10.3。

图10.3　青海湖体验牧场自动采集站位置示意

在祁连山生态牧场，网络信号差，属草地畜牧业，牧场数据采集系统，主要由固定自动采集站进行数据采集。自动牧草采集站（图10.4）通过对草地环境、草地土壤环境、牧场生长状态、群落平均高度等方面的监测，分析、计算出监测范围内牧草的覆盖度、实时产草量，并同时将采集数据、分析计算结果上传到指定数据库（图10.5至图10.7）。

图10.4　祁连山生态牧场数据自动采集站点位置示意图

图10.5　祁连山生态牧场数据采集站点

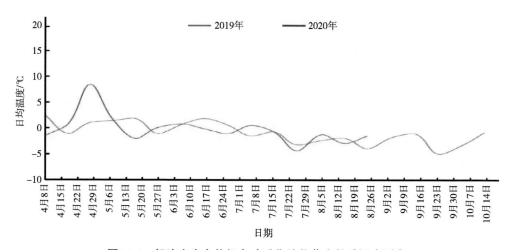

图10.6　祁连山生态牧场自动采集站牧草生长季温度测定

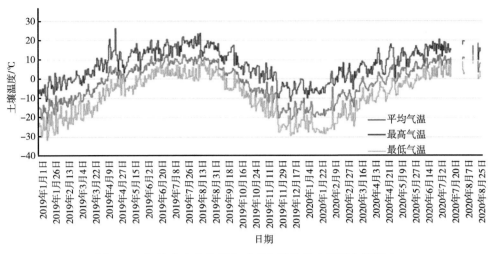

图10.7　祁连山生态牧场自动采集站牧草生长季土壤湿度

柴达木绿洲牧场，基础设施良好，"茶卡羊"品牌效益佳，以舍饲繁育养殖为主，同时饲养西门塔尔牛、骆驼、生态鸡。牧场地处柴达木盆地，建植多种人工草地，基本可以满足牧场饲喂需求。

牧场土地面积比较集中，通过对牧场构建无线局域网，打造养殖环境全监测、视频化可视管理。根据牧场的管理需要，通过对养殖环境、牧草、草地、家畜全视频监测，实现牧场管理人员、放牧人员可视化管理（图10.8至图10.11）。

图10.8　柴达木绿洲牧场局域网与可视监测点位置示意

施工现场	冬季草场
人工草场	羊圈

图10.9　全天候全范围牧场监测

夜间效果

图10.10　养殖棚舍可视化监测

图10.11　可视化管理大屏

在湟水河智慧牧场共布点8处，每个点位均安装1套畜棚环境自动采集装置，将畜棚内视频影像数据、环境温湿度汇聚到中心点，该数据点安装1台工业级路由器连接公网，将数据上传到数据平台。

六、小结

通过青藏高原现代牧场物联网构建，初步实现了草场、畜牧业生产、管理、监测的信息互联互通，形成了牧场草地畜牧业的"管、控、营"一体化，有力推动了高原现代牧场的信息化、科学化、智能化发展。

第二节　天然草地自动监测与人工监测对比试验

青海牧场中多数是以草地畜牧业为主，如三江源有机牧场、祁连山生态牧场，青海湖体验牧场、柴达木绿洲牧场均为草地放牧+补饲类型。因此，天然草地牧草信息自动监测站，对畜牧业生产非常重要，按照牧草生长规律定点、定时采集传输牧草生长环境和生长状态，为牧场牧业生产管理决策提供数据支撑，本研究将自动采集数据与人工采集测定数据进行对比，提高数据准确性；通过在不同草地类型建立天然草地牧草自动监测站，可实时观测和分析牧草生产状态、分析气象因素对牧草生长的影响情况及土壤墒情信息，结合地面生长量的变化，实现对牧草覆盖度、牧草产量、牧场土壤墒情及牧草生长环境参数的定时采集，并通过多元传输系统上传到数据库。

一、研究地点

研究地点位于祁连山生态牧场等。

二、研究方法

1. 人工草地样方测定

群落盖度测定，指样方内所有植物的垂直投影面积占样方面积的百分比，植被盖度测量采用目测法；天然草地人工样方测定，测量样方内大多数植物枝条或草层叶片集中分布的平均自然高度；鲜草产草量测定，鲜草产草量是指样方内草的地上生物量，样方内植物齐地面剪割称鲜重。

2. 天然草地地面数据自动采集站

地面数据自动站测定。

三、群落高度、鲜草量及覆盖度测定对比

群落高度、鲜草量及覆盖度测定对比结果见图10.12至图10.14。

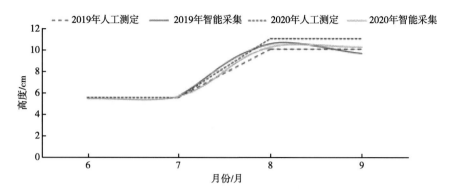

图10.12　祁连山生态牧场监测点植物群落高度测定对比

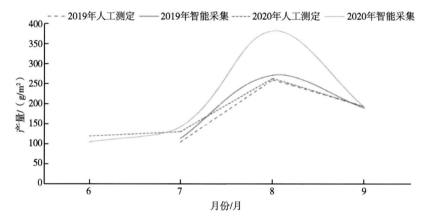

图10.13　祁连山生态牧场监测点鲜草总产量测定对比

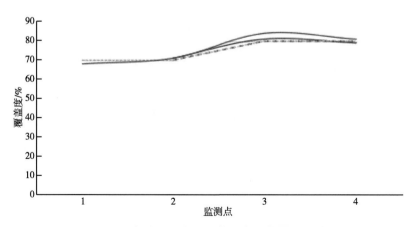

图10.14　祁连山生态牧场监测点群落覆盖度对比

四、小结

通过高原现代牧场草地生态畜牧业物联网构建，初步实现了草场、畜牧业生产、管理、监测的信息互联互通，形成了牧场草地畜牧业的"管、控、营"一体化，有力推动了高原现代牧场的信息化、科学化、智能化发展。

本研究搭建了天然草地数字化采集设施，建立各类草地自动数据采集站5座。通过天然草地数据自动采集站、草原可视系统，实现了牧场全视频、可视化管理模式；本研究为高寒草地畜牧业的智能化发展奠定了良好的技术支撑。

第十一章 现代牧场管理监测平台及决策系统

随着空间信息技术、物联网、电子商务、社交网络的兴起与发展，数据体量迎来了爆炸式的增长，人们已经进入大数据时代。数据资源将成为主权国家的另一项重要战略资源。2017年12月青海"互联网+"高原特色智慧农牧业大数据平台在青海省农牧厅正式启动上线，标志着青海省农牧业由传统向现代迈出重要一步。但总体而言，目前畜牧业数据建设相对其他行业发展滞后。青藏高原现代牧场管理监测平台及决策系统平台，是将数据理念、技术和方法在畜牧业领域进行实践，通过汇集高原现代牧场中天、人、草、畜等相关的静态与动态、实时与历史、原始与统计、结构化与非结构化等多元数据，通过协同分析，为牧场草场生态保护、畜牧业生产管理、牧场决策提供科学依据。

主要研究内容包括以下三方面。

一是青藏高原现代牧场数据在线采集数据接入。利用物联网、互联网、北斗卫星定位等技术，建立草场气象、草场生态、畜牧业生产等多元数据的自动采集系统。

二是青藏高原现代牧场数据的汇聚。对草地畜牧业多源数据进行空间基准统一、牧场配置、属性融合等处理，构建草场、家畜、管理等多种数据库，实现多元数据的入库管理。

三是青藏高原现代牧场管理及追溯平台。建设现代牧场管理及追溯平台，提供数据可视化、畜产品数字化溯源、专题地图叠加，并基于大数据提供产草量、载畜量等分析功能。

第一节　牧场管理监测平台及决策系统框架

牧场管理及溯源平台通过对养殖全过程进行详细的数据采集、数据分析、过程优化、智能控制和信息追溯，以期向精细化养殖方向发展，不仅可提高牧场效率和效益，还方便管理员管理控制。通过前期制定数据汇聚的技术标准与规范，对牧场生态畜牧业数据资源进行融合处理，建立智慧牧场生态畜牧业分析大数据资源库，建立可支持多种数据展现方式、界面友好、操作便捷的牧场数据服务平台。

平台系统的总体架构设计完全遵循系统的总体技术路线和规范的多层架构体系。

平台分为接入层、应用系统层、应用平台层、基础数据层和保障层。

（1）接入层主要提供大屏幕、电脑终端和智能手机等多种接入方式，是系统数据维护和信息发布的重要途径。

（2）应用系统层主要是平台展示系统和后台管理系统，为牧场工作、管理提供地理信息服务。应用层是整个系统的业务逻辑集中点，直接为用户提供服务，在整个系统总体架构中，处于非常重要的地位。

（3）应用平台层主要是系统应用的支撑平台，由GIS中间件、地图API、数据同步接口和其他服务组成。服务层是系统业务实现的支撑，并是系统功能和数据扩展的基础，保证了系统的可扩展性。

（4）基础数据层主要是平台的数据支撑层，包括各牧场不同的影像数据、通过地面物联网采集上传的数据、牧工生产过程中采集上传的牧场、家畜数据而形成牧场资源库等专题数据。

（5）管理平台的后台设施是平台运行的保障层，包括软硬件和网络环境等。

第二节　牧场管理监测平台及决策系统构建

一、牧场管理及决策数据库的设计

针对青藏高原现代牧场管理及追溯平台汇聚的草场、家畜、人员、气象、牧场等各类生产数据，空天地遥感数据，以及各级统计数据等，采用PostGIS、MongoDB等关系型数据库进行了入库管理。

1. 牧场基础信息数据库

主要存储牧场地理位置、行政区域、牧场范围、所属关系等。

2. 草场信息库

存储草地类型分布、管护员管理范围、夏牧场、冬牧场、轮牧区、牧民草场确权等空间数据，草原监测站采集的温度、湿度、土壤等实时监测数据，草原各种样地样方调查、灾害调查数据等。

3. 畜牧信息库

主要存储按照一定时间间隔从牧民处统计得到的牧民的牲畜类型、存出栏数量、繁殖情况、补贴、销售价格、时间、行政区划数据，疫病疫情信息等。

4. 人员信息库

主要存储各类管理人员、草原管护员、牧户、牧民各类人员的姓名、住址、联系方式等信息。

5.遥感数据库

存储卫星、无人机与地面光谱仪获取并处理得到的各种遥感数据产品，包括地物光谱曲线，多时相多分辨率的相对辐射定标产品、大气校正产品、表观和地表反射率产品、植被指数产品、地表分类产品等。

6.畜产品追溯数据库

主要存储畜产品从家畜繁殖—家畜饲养—家畜运输—家畜屠宰—畜产品加工—畜产品销售等环节的生产、检疫和监管全过程实况数据等。

7.专家知识库

主要存储包括畜牧业生产相关技术推广、畜禽饲养管理、家畜疾病诊断治疗等专家信息。

8.历年畜牧业统计数据库

主要存储各牧场两年统计数据中的畜牧业相关统计数据，牧场生产及经济收支情况统计数据等。

9.元数据库

主要存储一些入库数据的描述信息。

二、牧场平台的终端接入

青藏高原现代牧场管理监测平台及决策系统，需要利用北斗卫星定位、物联网、遥感、移动互联网等多种技术手段，构建牧场草地畜牧业数据获取系统，对草地畜牧业生产所涉及的大气、土壤、牧草、家畜、畜棚、各类人员等各种生产数据进行采集与汇聚。

终端设备的接入需要对各种物联网传感器的通信协议进行解析，获取实时上传的数据，主要包括以下4种。

1.牛羊卫星定位终端

利用北斗卫星定位和移动物联网技术，实现家畜游牧路线的自动采集。

2.草场监测站物联网终端

对草场的空气湿度、温度、日照强度、土壤温度、SWC、土壤电导率、牧草群落高度等信息进行实时监测与上传。

3.畜棚监测终端

监测家畜畜棚温湿度等信息的物联网终端，通过无线通信实现数据定时自动上传。

4.家畜智能称重系统

对家畜的体重信息进行定期监测以及数据的实时上传。

三、平台研发与展示

平台主要用于青藏高原现代牧场管理及追溯平台的可视化显示、相关上报与发布、查询统计与决策支持分析等，主要由牧场概况、牧场管理、饲养管理、草场管理、溯源管理、乡村振兴、畜牧信息服务、人员管理、入库管理等子系统组成。

平台的主界面如图11.1所示，平台已经上线运行，访问地址为http://120.78.208.21：9003/#/ranchManagement。

图11.1　青藏高原现代牧场管理及追溯平台

针对各牧场对草场生产力、草场生态环境、载畜压力等关键信息的获取需求，建立草地定点自动采集、遥感信息处理、数据库及数据管理系统，利用强大的网络能力和云计算，解决牧场畜牧业生产对数据时效性要求较高的问题；开展牧场基本资源与畜牧业信息查询系统的研发，为牧场管理者、农牧民提供查询家畜、草地资源和畜牧业相关信息的网络服务平台，指导牧场科学放牧、合理规划草畜生产，以下为5个牧场的管理平台界面（图11.2至图11.6）。

图11.2　三江源有机牧场管理平台

图11.3　青海湖体验牧场管理平台

图11.4　湟水河智慧牧场管理平台

图11.5　祁连山生态牧场管理平台

图11.6　柴达木绿洲牧场管理平台

饲养管理模块包括家畜实时数量查询展示、畜群结构管理、家畜耳标管理、生长指标管理等模块（图11.7至图11.11）。

图11.7　三江源有机牧场饲养管理平台

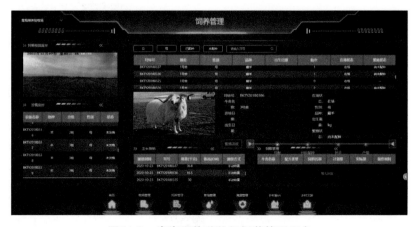

图11.8　青海湖体验牧场饲养管理平台

图11.9 湟水河智慧牧场饲养管理平台

图11.10 祁连山生态牧场饲养管理平台

图11.11 柴达木绿洲牧场饲养管理平台

草原管理模块用于展示草场生态环境、草场草情、草地类型、卫星遥感监测、产草量年度监测查询、气象、季节草场监测等数据（图11.12）。

图11.12　现代牧场草场管理平台展示

　　溯源管理模块主要统计管理牧场预计出栏数量、出栏家畜生长指标、年度家畜交易量、溯源扫码管理、价格走势及疫病健康查询等（图11.13）。

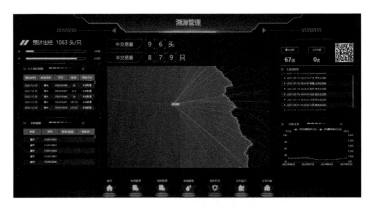

图11.13　现代牧场溯源管理平台展示

　　乡村振兴模块，主要为科技振兴、网上科普、政策、农经查询，重点发布参与帮扶专家简介，同时对专家团队投入的人员数量、指导农牧民户数、投入的科技项目，以及科技服务满意度等进行展示，同时对牧场牛羊销售年度对比、上榜企业情况进行展示（图11.14）。

图11.14　现代牧场乡村振兴平台展示

文旅模块主要对现代牧场展示，牧场与青海省主要景点的路程、景点简介，游客到牧场的停留时间、游客属性、性别比例、年龄分布等进行统计展示，同时对草地旅游、民俗风情、特色餐饮进行展示（图11.15）。

图11.15　现代牧场乡村文旅平台展示

四、小结

平台通过移动互联网、物联网、无人机遥感、北斗卫星定位和GIS等技术，实现了青藏高原现代化牧场草地生态畜牧业涉及的基础地理信息、草地、牧户、家畜、生态环境等多源、结构化与非结构化的牧场草地畜牧业数据的汇集、处理、管理与决策支持分析，推动了青藏高原现代牧场的信息化管理。

本研究打通了青藏高原现代牧场多源数据汇聚的链路，实现了分散信息、不同种类的畜牧业生产管理数据的一站式管理；构建了可支持多种展现方式、操作便捷的高原现代牧场管理及追溯平台，为智慧高原现代牧场提供了基础的支撑服务。

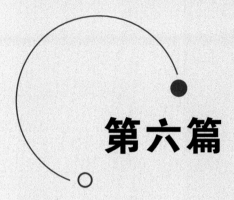

第六篇

现代牧场模式集成与评价

第十二章 现代牧场模式集成

第一节 模式集成理论依据

青藏高原地区地域条件特殊、生态环境脆弱、农牧区基础设施仍然薄弱等因素很大程度上制约了草地畜牧业的发展。高原牧区仍是以家庭放牧、原始加工为主的传统畜牧业模式，产业结构单一，产品质量不高，资源整合力度弱，难以发挥高原净土优势，品牌及规模效益难以达成，构建适宜的青藏高原现代牧场模式是解决以上问题的有效途径。根据青海省不同生态功能区的不同典型特色牧场资源特点、发展需要等现实情况，以及模式构建的传统理论及方法，青藏高原现代牧场技术体系集成和模式构建需要遵循如下理论。

一、系统耦合理论

系统耦合是源于物理学的概念，后来才应用于其他科学。任继周院士在20世纪80年代将其引入草业科学领域，提出了生态系统耦合概念（任继周，1989），并广泛应用于草地生态、草地畜牧业、草业可持续发展等方面，由此形成了草业生态系统耦合理论。草业生态经济耦合是指两个或两个以上性质相近和有因果关系的生态系统具有互相亲和或融合的特性及趋势，当条件和参量适当时，通过相互作用，系统势能延伸可使不同系统实现结构功能的结合，从而形成具有特殊结构功能的更高一级的新系统。

牧场系统是以生物（植物、动物、微生物）、非生物（土壤、大气等）和社会经济因素（科学技术、劳动生产等）相互作用的一个饲草生产-家畜生产-加工生产-经营管理的多层次复合生产系统，包括前植物生产层、植物生产层、动物生产层、后生物生产层。牧场系统的耦合就是将四个生产层有机地连接起来，在生态、经济、社会系统复合基础上，将种植业、饲养业、加工业等各产业结合，发挥牧场系统在时序性和生态过程中的相互增强作用，在时间上进行合理配置，形成功能、产业和时序的耦合结构。

二、因地制宜理论

因地制宜即根据不同的自然环境和相应的条件，采取的一种适宜的生产、生活和发展方式。草地畜牧业的发展既受到地形、气候等自然条件的影响，也受科技水平、市场需求等社会经济条件的影响。青藏高原地区发展现代化草地畜牧业模式应根据牧场所处地理位置、自然禀赋条件，在区域功能定位的基础上，结合发展需求进行相应生产技术的配套，综合考虑生态、经济、社会因素，因地制宜地构建牧场模式。在因地制宜理论指导下，合理充分地利用自然资源，如天然草原、林下草地等，重点考虑选择兼具本土特色与高生产力的畜种，种植适宜于区域环境的高产牧草作物或经济作物。

三、可持续发展理论

可持续发展的内涵是自然资源能够持续利用和生态环境承载能力不断提高，既能满足当代人的需要，又不牺牲后代人发展机会和发展权利的一种全新的发展观和发展模式。

草地畜牧业可持续发展指草地资源的功能效用可维持未来生产的机会，自然资本存量不随时间而下降，是以环境、资源、经济和人口的均衡协调为最终目标而建立的一种生态、经济和社会三维复合的综合协调发展模式。牧场系统中生态功能、生产功能和生活功能之间形成一种相互联系、相互制约的辩证关系。过分强调生产功能的后果会使牧场系统长期处于超负荷运行状态，导致草地退化，造成生态功能减弱，系统协调性破坏，最终可能导致牧场系统失去可持续发展的潜能。通过采用草地合理利用、家畜高效饲养等技术体系及牧场管理制度和生产模式的创新，是实现牧场可持续发展的关键。

四、模式构建的边界条件

青海省地处青藏高原，自然条件严酷，生态环境敏感脆弱，人与自然资源的矛盾突出，目前面临着草地生态系统功能退化、草-畜矛盾突出、畜牧业经营效益差等迫切问题。同时，青海省独特的自然地域格局和丰富多样的生态对我国生态安全具有重要的屏障作用，是国家生态保护建设的战略要地及国家重要的水源地和重要畜牧业生产基地。因此，在构建现代牧场模式时，要以青海"两屏三区"生态安全战略格局、"四区一带"农牧业发展格局为前提，结合《青海省主体功能区规划》和《青海省"十四五"林业和草原保护发展规划》对不同区域的规划，综合考虑不同区域自然条件、功能定位、生态环境、社会经济发展以及牧场治理结构的差异性，在系统耦合理论、因地制宜理论和可持续发展理论的指导下，确定了现代牧场模式构建的边界条件为地理区位边界和自然环境边界。地理区位边界确定牧场的发展方向，自然环境边界确定牧场的产业结构。

第二节 模式集成的技术体系

根据青海省不同地区自然环境特征和畜牧业发展现状，按照系统耦合理论、因地制宜理论和可持续发展理论，探索不同区域背景和不同治理结构下的现代牧场模式。分别选择青海湖流域、柴达木盆地、三江源地区、河湟谷地和祁连山地区开展模式构建，通过实地调研、设计规划、技术研发与应用等一系列工作，提出青海湖体验牧场模式、柴达木绿洲牧场模式、三江源有机牧场模式、湟水河智慧牧场模式、祁连山生态牧场模式，并集成与各模式匹配的具有典型性和代表性的草地畜牧业生产技术体系。

构建青藏高原现代牧场模式技术体系，必须研发适合于青藏高原地区的草地畜牧业生产关键技术与共性技术，再进行不同牧场模式的技术集成。团队多年来针对高寒草地放牧管理、高寒退化草地恢复与管理、高寒草地生态系统科学管理与可持续利用、饲草基地建植及高效利用、家畜营养均衡养殖、畜产品加工、高寒区畜禽废弃物资源化利用及现代化智慧畜牧业主要信息化支撑技术等方面进行了多年的探索、研究与积累，目前已形成较完善的典型生产技术体系。高寒草地可持续利用与优质饲草供给技术体系主要包括以下几个子体系，即高寒草地生产力提升技术体系、优质饲草料供给技术体系、新型草产品加工技术体系。家畜养殖与畜产品精深加工技术体系主要包括以下几个子体系，即牦牛绿色健康养殖技术体系、藏羊绿色健康养殖技术体系、肉牛标准化养殖技术体系、畜产品精深加工技术体系。牧场数字化管理技术体系包括以下几个系统，即牧场草畜生产过程采集系统、牧场地面数据自动采集站及可视化系统、牧场管理监测平台及决策系统。牧场资源综合利用与管理技术体系主要包括以下几个子体系，即林下经济产业生产技术体系、高寒地区家畜粪污资源化利用技术体系、土壤结皮与复合保水剂固沙技术体系（图12.1），具体单项技术见表12.1。

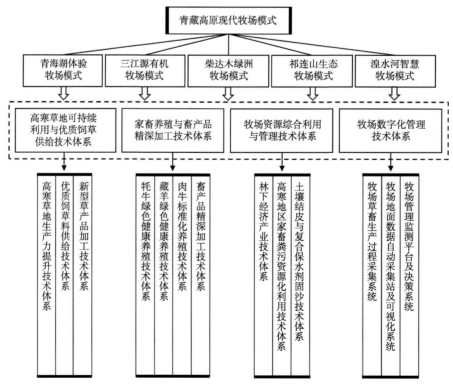

图12.1 青藏高原现代牧场模式的技术体系

表12.1　团队已研发的草地畜牧业相关技术

技术体系	技术名称	研究结果
高寒草地可持续利用与优质饲草供给技术体系	高寒草地适度放牧利用技术	本书第二章第一节
	高寒草场"冬场夏用"技术	本书第二章第二节
	高寒草地补偿生长放牧调控技术	刘玉祯，2023
	划区轮牧支持系统	本书第四章第二节
	高寒草地生产力和草畜平衡预测技术	行业标准（未颁布）
	草原生态状况评价技术	行业标准（未颁布）
	天然草场补播技术	（董全民等，2018）
	饲用玉米品种优化与生产技术	本书第三章第一节
	高寒地区紫花苜蓿越冬技术	DB 63/T 1717—2018
	高寒地区紫花苜蓿丰产栽培技术	T/QHNX 008—2021
	禾豆混播人工草地建植及青贮技术	本书第三章第四节
	燕麦青贮近红外快速测定技术	未发表
	人工草地建植技术	本书第三章第二、三节
	草颗粒加工技术	本书第三章第五节
	草块加工技术	
家畜养殖与畜产品精深加工技术体系	放牧牦牛健康养殖生产技术	地方标准（未颁布）
	牦牛犊牛早期断乳技术	本书第四章第一节
	牦牛近地育肥技术	本书第四章
	牦牛异地适应性育肥技术	本书第四章第三节
	放牧牦牛智慧行为监测与管理技术	本书第三章第四节
	冷季藏系绵羊补饲日粮精准配制技术	本书第五章第一节
	藏羊异地适应性育肥技术	本书第五章第四节
	藏羊分群管理精细化养殖技术	未发表
	肉牛标准化养殖技术	牧场自有技术
	肉牛繁育技术	牧场自有技术
	牦牛肉生产加工技术	地方标准（草案）
	藏羊肉生产加工技术	地方标准（草案）

技术体系中包括：高寒草地生产力提升技术体系、优质饲草料供给技术体系、新型草产品加工技术体系、牦牛绿色健康养殖技术体系、藏羊绿色健康养殖技术体系、肉牛养殖技术体系、畜产品精深加工技术体系。

技术体系		技术名称	研究结果
牧场资源综合利用与管理技术体系	林下经济产业技术体系	沙棘林间草地补播改良技术	本书第七章
		沙棘林间补播草地生态放养鸡技术	
		沙棘林青干饲草与精料补饲藏羊技术	
	固沙技术体系	羧甲基纤维素钠/硅藻土固沙技术	本书第八章
	家畜粪污资源化利用技术体系	青藏高原羊粪堆肥生产技术	本书第六章
		青藏高原牛粪堆肥生产技术	
牧场数字化管理技术体系		牧场草畜生产过程采集系统	本书第九、十、十一章
		牧场地面数据自动采集站及可视化系统	
		牧场管理监测平台及决策系统	

第三节　模式集成与示范

一、青海湖体验牧场模式

本研究选择位于青海湖流域的青海巴卡台农牧场为青海湖体验牧场模式示范点。青海巴卡台农牧场为国营牧场，拥有大面积天然草地、耕地、沙棘林和沙地，牧场在此基础上进行畜牧业生产和作物种植的同时，形成了雪山、高寒草甸、灌木林、田园相融合的独特风光；牧场还邻近青海省省会西宁市及青海湖景区、龙羊峡景区，具备得天独厚的地理位置优势。但近年来由于天然草地的不合理利用导致草场退化严重，加之由于季节引起的天然草场饲草供给不平衡，使得家畜从出生到出栏期间掉膘严重，减重损失大。另外，牧场对耕地与沙棘林的利用与管理比较粗放，生产效率低下。牧场整体畜牧业生产经营模式落后，新技术应用少，产出效率低下。

1. 模式集成

根据青海湖体验牧场资源类型丰富、生产方式落后、区位优势明显的特征，结合牧场自身发展需求，对青海湖体验牧场天然草地、耕地、沙棘林、畜禽、沙地等特色资源进行专项研究并示范实践成熟单项技术，集成适宜于该地区的牧场生产技术体系（图12.2）。

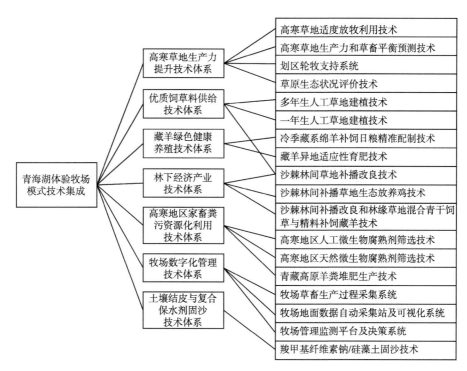

图12.2　青海湖体验牧场模式技术集成

在青海湖体验牧场技术体系集成的基础上，构建畜牧业生产+旅游观光体验类型的青海湖体验牧场模式。青海湖体验牧场模式包括三个子系统，即饲草供给系统、家畜养殖系统和旅游观光系统，将牧草种植、家畜饲养、旅游观光结合，形成生产、生活、生态功能复合及第一产业、第三产业兼具的青藏高原现代牧场（图12.3）。

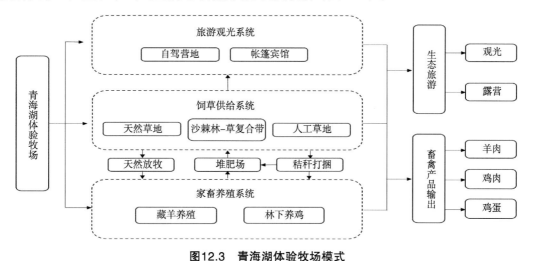

图12.3　青海湖体验牧场模式

2. 示范推广情况

应用一年生和多年生牧草种植技术规范和牧草加工技术规程等技术，于2019年，在青海湖体验牧场种植一年生高品质牧草示范基地1 950亩，其中燕麦饲草基地1 870亩，饲用油菜饲草基地800亩；种植多年生冬季放牧牧草示范基地3 050亩，其中青海草地早熟禾620亩，青海中华羊茅2 430亩；建立青藏高原适生牧草选育与优化配置试验田500亩；于2020年，种植一年生高品质牧草示范基地2 000亩，其中燕麦饲草基地1 800亩、饲用油菜饲草基地50亩、蚕豆饲草基地150亩；于2021年，种植一年生高品质牧草示范基地2 100亩，其中燕麦饲草基地1 900亩、饲用油菜饲草基地150亩、蚕豆饲草基地50亩。

应用在藏羊封闭群管理、妊娠诊断、疫病防治、品种杂交改良、布鲁氏菌病快速检测、异地育肥等方面的技术，于2019年，在青海湖体验牧场示范羊4 000只；于2020年在青海湖体验牧场示范羊5 000只，示范天然草地可持续利用模式20 000亩。

二、柴达木绿洲牧场模式

研究地点位于柴达木盆地的青海省海西蒙古族藏族自治州的金泰牧场。金泰牧场为私营规模化牧场，养殖区占地面积200亩，以养殖青海高原毛肉兼用半细毛羊、藏羊为主，已形成区域品牌"茶卡羊"。牧场配备有羊舍、晒场等基础设施，及较大面积的耕地与人工沙棘林。由于牧场所在地自然条件限制，降水量少，天然草地与耕地的生产力都较低。牧场家畜的养殖较为粗放，缺乏羊肉产品加工生产技术。

1. 模式集成

根据柴达木绿洲牧场、耕地利用效率不高、草产品供应不足、畜产品加工技术不健全等现状，利用柴达木盆地独特的气候条件结合牧场发展需求，对柴达木绿洲牧场的耕地、畜禽等资源进行专项研究并示范实践成熟单项技术，并集成适宜于荒漠草地的柴达木绿洲牧场模式技术体系（图12.4）。

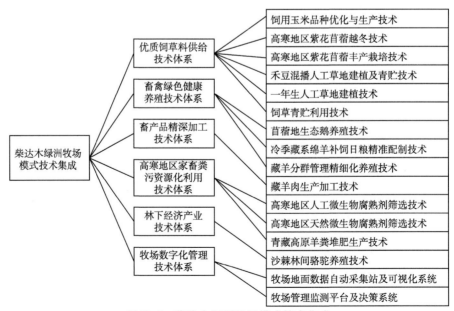

图12.4　柴达木绿洲牧场模式技术集成

在柴达木绿洲牧场技术体系集成的基础上，结合牧场原有粮食、油料作物种植，构建在畜牧业规模化、高效化生产的基础上呈现绿洲景观的柴达木绿洲牧场。柴达木绿洲牧场模式包括六个子系统：作物种植系统、畜禽养殖系统、畜产品加工系统、旅游观光系统、生态林系统、堆肥系统，将规模化饲草种植、作物种植、"茶卡羊"品牌打造、旅游观光结合，形成第一产业、第二产业和第三产业融合的青藏高原现代牧场（图12.5）。

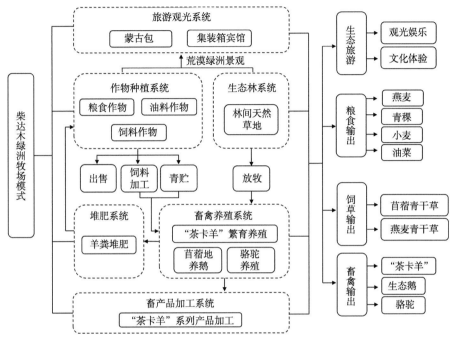

图12.5　柴达木绿洲牧场模式

2. 示范推广情况

应用其一年生牧草种植技术规范和牧草加工技术规程等技术，2020年示范种植一年生高品质牧草示范基地5 500亩，其中燕麦+箭筈豌豆饲草基地5 000亩、饲用油菜饲草基地50亩、蚕豆饲草基地50亩、小黑麦饲草基地400亩；2021示范种植一年生高品质饲草基地3 000亩，其中燕麦饲草基地3 000亩。

应用封闭群管理、羔羊补饲、妊娠诊断、后备公羊营养调控、疫病防治、划区轮牧、布鲁氏菌病快速检测、同期发情等方面的技术，2019年示范羊约10 000只；2020年示范羊约8 000只。

三、三江源有机牧场模式

研究地点区位于三江源区的河南县赛尔龙乡兰龙村，本研究选择赛尔龙乡的河南县兰龙生态（有机）畜牧业牧民专业合作社作为示范点。河南县位于三江源自然保护区腹地，是国家生态安全重要屏障，有不可替代的生态价值、生态潜力和重大的生态责任。同时，也是国家有机食品生产基地和"有机产品认证"示范区。合作社具有草场资源优势、优良畜种优势。

1. 模式集成

三江源有机牧场在以生态保护为先，有机生产为舵的原则下，利用天然草地的有机属性及"雪多牦牛"的品种优势，进行了天然草地合理利用及牦牛科学养殖的专项研究并示范实践成熟单项技术，集成了以有机畜产品输出为目的的三江源有机牧场模式技术体系（图12.6）。

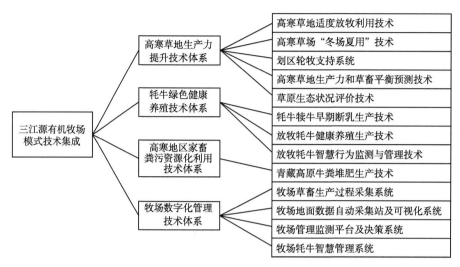

图12.6　三江源有机牧场模式技术集成

在三江源有机牧场技术体系集成的基础上，构建以天然草地生态利用为前提的"雪多牦牛"品牌打造牧场模式，即三江源有机牧场模式。三江源有机牧场模式包括三个子系统：饲草供给系统、家畜养殖系统、畜产品加工系统（图12.7）。

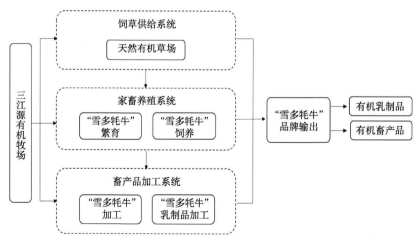

图12.7　三江源有机牧场模式

2. 示范推广情况

应用牦牛牧食行为监测及管理、早期断乳、分群管理等方面技术，2018—2020年，示